淡定的女人
最优雅

若思◎编著

德宏民族出版社

图书在版编目（CIP）数据

淡定的女人最优雅 / 若思编著． -- 芒市：德宏民族出版社，2020.6
ISBN 978-7-5558-1320-0

Ⅰ．①淡… Ⅱ．①若… Ⅲ．①女性－人生哲学－通俗读物 Ⅳ．① B821-49

中国版本图书馆 CIP 数据核字 (2020) 第 078941 号

书　　名：淡定的女人最优雅	
作　　者：若　思　编著	
出版•发行　德宏民族出版社	责任编辑　尹丽蓉
社　　　址　云南省德宏州芒市勇罕街1号	责任校对　赵洪亮
邮　　　编　678400	封面设计　U+Na 工作室
总编室电话　0692-2124877	发行部电话　0692-2112886
汉文编室　0692-2111881	民文编室　0692-2113131
电子邮箱　dmpress@163.com	网　　址　www.dmpress.cn
印　刷　厂　永清县晔盛亚胶印有限公司	
开　　本　145mm×210mm　1/32	版　次　2020年6月第1版
印　　张　7	印　次　2020年6月第1次
字　　数　151 千字	印　数　1-10000 册
书　　号　ISBN 978-7-5558-1320-0	定　价　38.00 元

如出现印刷、装订错误，请与承印厂联系调换事宜。印刷厂联系电话：13683640646

前　言

　　作家孙犁的散文里说："如果我老了……就让我优雅地老去。"相信每个女人都希望自己能优雅到老，做优雅的女人应该是女性修养的最高境界。那么什么是优雅呢？优雅其实是一种和谐，一种恒久的时尚。

　　一个女人要让自己慢慢变得优雅，需要打磨自己，保持专注，而在炼己修心的漫漫长路上，淡定是每个女人不可或缺的精神特质。唯有淡定，方能时刻保持优雅的姿态，拥有随时改写生活的底气。淡定而优雅的女人无论走到哪里，遇到什么人，碰到什么事，都能做到宠辱不惊、淡然应对，显得那么气定神闲、从容不迫。这样的女人是迷人的，是让人一见就难以忘怀的。

　　淡定而优雅的女人是远离粗糙，力求精致的。她们如同沙漠中的珍珠，明丽、宁静、历久弥新。从她身上散发出的是一种无形的吸引力，这种"魔力"是她在人际关系和人际交往中体现出来的,无论在哪个年龄段或从任何角度去看,都闪现着她的知性、优雅与卓尔不群的气度。

淡定而优雅的女人是有独特气质的。她不一定很漂亮,不一定光芒夺目,但却神韵不绝。她有着纯净的笑容,清澈的眼神,或许她不施脂粉,素面朝天,衣着简单,但是别有一番韵味;她不一定学富五车,但绝不肤浅;她内心柔软而坚定,不强势,也从不肯示弱,凡事都有自己独到的见解。

淡定而优雅的女人,往往浑然天成,来去无痕,当世而不艳,处世而不俗,立世而不惊,清淡如菊,带着生命的清香。那份淡定若水的神韵,不争不抢,不浮不躁;那一份不温不火的淡定,不多不少,不惊不喜;她们不计较、不较真,又不失本色;不放弃、不苛求,又不失原则;疼爱人、疼爱家,也疼爱自己。

让自己的内涵丰富起来,让自己的学识充实起来,让自己的底蕴深厚起来,让自己的举止高雅起来,让自己的品格高尚起来,让自己的情趣超凡起来,那么,淡定优雅的气质就会自然而然地找到你。

女人怎样才能达到如此境界?本书从细处着手,从掌控情绪、宠辱不惊、温文尔雅、内在的从容等方面娓娓道来,帮助读者重新建构对优雅、淡定等优秀特质的认知,从理论到实践,助你一步步修炼出独属于自己的优雅女神范儿。

希望每一个女人都能通过本书,一步一步,从内到外走向优雅,并从此成为一道靓丽的风景,优雅地行走在蜿蜒曲折的生命之路上,开启一个崭新的人生。

目 录

第一章 女人的优雅，不过是淡定自若的状态

1. 优雅是女人一生的事业·····················003
2. 培养自己迷人的个性·····················005
3. 做一个心理独立的女人····················010
4. 生命的好坏在于你是否用心去体会···············013
5. 培养属于自己的兴趣爱好···················017
6. 勇敢地面对死亡·······················021
7. 生活其实不用过得那么累···················024
8. 拥有一颗善良的心······················028

第二章 腹有诗书气自华，蓄养优雅气质

1. 读书让女人雅致飘逸 ······ 037
2. 知性女人更优雅从容 ······ 043
3. 气质是女人的经典名片 ······ 047
4. 有教养的女人芬芳四溢 ······ 052
5. 文明素养尽显女人魅力 ······ 056
6. 有内涵的女人是一道靓丽的风景 ······ 058

第三章 自信的女人更美丽，让淡定和优雅由内绽放

1. 自信是女人最好的装饰品 ······ 067
2. 自信的女人最美丽 ······ 072
3. 心态决定女人的命运 ······ 075
4. 不要做自卑的"丑小鸭" ······ 080
5. 自信女人能看到沙漠中的星星 ······ 084
6. 做一个自强不息的女人 ······ 089

第四章 除却心霾，活出一份淡然的心境

1. 快乐的女人是最美的 ······ 097
2. 用智慧化解烦恼 ······ 101
3. 女人应控制好自己的情绪 ······ 104
4. 把忧郁关在"心门"之外 ······ 108
5. 心情好坏，自己说了算 ······ 115
6. 开启封闭的心灵之门 ······ 118
7. 女人要远离抑郁症 ······ 123

第五章 宽和从容的女人，是一道优雅的风景线

1. 熄灭心中的怨恨之火 ······ 129
2. 女人不要苛求完美 ······ 133
3. 宽容大度也是一种爱 ······ 138
4. 用感恩的心对待生活 ······ 141
5. 宽容的女人最有人缘 ······ 145

6. 女人切忌心胸狭窄 ……………………………… 147

7. 女人谦虚才能赢得尊重 ………………………… 150

8. 不用别人的过错来惩罚自己 …………………… 153

第六章 宠辱不惊,以优雅的姿态走过生命的悲喜

1. 知足的女人才能常乐 …………………………… 161

2. 懂放弃的女人最聪明 …………………………… 164

3. 欲望越小的女人越幸福 ………………………… 170

4. 换一种思路对待财富 …………………………… 175

5. 虚荣,死要面子活受罪 ………………………… 178

6. 懂得装"傻"的女人最幸福 …………………… 180

7. 嫉妒是女人心灵上的斑点 ……………………… 184

第七章 笑对困境,活出一个优雅的自己

1. 永远保持积极的心态 …………………………… 191

2. 坚强能改变女人的命运 ………………………… 194

3. 坚定信念，永不放弃······196
4. 女人，要对沮丧说不······202
5. 逆境是人生难得的历练······204
6. 女人更应正视挫折······207
7. 做坚强而又有魅力的女人······210

第一章 女人的优雅，不过是淡定自若的状态

优雅不是与生俱来的，她可以说是女人一生的事业。你不能投机取巧地移植复制，也不能一蹴而就。速成的优雅只是表面，只有经过岁月的洗礼、思想的积淀、艺术的熏陶，才会逐渐在举手投足间流露出优雅的气息。优雅的女人遇事不慌忙，心境开阔，举止悠游自若，对什么事情都淡然、沉稳。

1. 优雅是女人一生的事业

优雅是女人一生的事业，它不是与生俱来的，只有经过岁月的雕琢、艺术的熏陶、思想的沉淀，才能在一位女性的身上绽放，宛若开采自深山的美玉，永不变色、永远温润。

有一种女人，她年轻时光彩照人，但随着岁月的流逝，美丽便渐行渐远，时光夺走了柔嫩的肌肤和美丽的容颜，各种各样的养颜术回天乏力。还有一种女人，年轻时说不上多么的俏丽，但时间久了，却越发耐看起来，甚至还凸显出一种持久的魅力。西谚有云："所谓美女，是时光雕刻成的。"正是这种人生的佐证。

优雅与年龄有关，青春期的少女，是张扬的、是单薄的；成熟的女人，是内敛的、饱满的、丰富的。优雅又与年龄无关，即使面容留下岁月的痕迹，优雅的女人依然能从容地面对岁月的流逝、生活的沧桑。

知识女性杨绛就是一位优雅的女人。杨绛学贯中西，和钱钟书一样视金钱如粪土，她与钱钟书一起，辉映着20世纪的知识界与文坛。在丈夫钱钟书与女儿钱瑗相继故去后，百岁老人仍能心境平和地著书立说，写下感人的《我们仨》。由此可见，支撑她的是怎样的精神血脉。这样的优雅，让人感到自己的渺小。

还有一位影视界的绝代佳人,她的美不仅是一副漂亮的面孔而已,她有一种由内而外散发的美,一种来自灵魂、深入骨髓的迷人之美,她是时光也带不走的优雅女人,她就是赵雅芝。赵雅芝的美丽优雅已经成为她的一种标志,人们想起她,说到她,都要首先提及她的优雅。人们不仅爱她青春的自然美态,也爱她成熟的雍容华贵,她的美是艳丽不失脱俗,精致不失飘逸,妩媚不失端庄,温柔不失刚强,细腻不失大气的。

一位国际知名的导演曾说过:赵雅芝是永不凋谢的玫瑰。她的美,在无线知名女星的评选中,名列首席。人们在论及无线四大开山花旦的历史地位时,赋予她"绝色花旦"的美誉,在无线评选的"二十世纪无线最令人难忘的五大女主角"中,她也名列其中。她的美是空谷幽兰般的优雅和花中之魁般的雍容相结合的美,她充满了无穷的魅力而又极具亲和力。她的美丽来自女性的优雅。

其实,每个女人都害怕时光流逝、红颜殆尽,但时光也会让女人韵味十足、优雅从容。每个年龄段的女人都有自己独特的美:"20岁的女人像非洲,一半是纯真一半仍然是粗粝;20～30岁的女人像美国,一半是成熟一半是风韵;35岁的女人像欧洲,一半是成熟博学一半是迷人性感……"。

衰老并不像我们想象的那么可怕,反而是一种人生的财富。经历多了,智慧也就多了,这便是财富。有了财富,女人的心便少了许多茫然和焦躁,不经意中流露出一种岁月雕琢后的优雅。

20岁固然是个好年华,但人不可能永远停留在这样的年纪，也不是所有人在此时修炼的美丽都能永远持久。优雅是千折百回中锻造出的品质，是品过人生百味后的豁然开朗，是风霜雪雨洗尽铅华后的磊落与从容，是沉浮起落后的自信，那是年龄无法取代的一种内在品质。

当然，历经岁月磨洗的女人未必一定优雅，优雅的女人来自自信、自爱、大度、睿智，能看开世俗的钩心斗角，不留一丝沧桑的痕迹，仍然如孩童一般相信美好光灿的东西，比别人少了几分矫情，多了些许从容；少了几分狂妄，多了些许默想；少了几分争执，多了些许陶冶。优雅的女人对自己创造的生活有足够的自信，看着远远近近的风景，独享生命的饱满。

人总会变老，没有谁能阻止得了，只是，别忘记让自己在年老体衰时享受另一种恒久的时尚与美丽——这就是优雅。

2. 培养自己迷人的个性

每个人都有自己的个性。个性是一个人区别他人的标志之一，个性也会产生魅力。张扬个性，特别是把自己迷人的个性展示出来，是一个女人应该掌握的生活细节之一。

女性欲养成良好的个性，先天因素非常重要，但后天的培养也是不可缺少的。先天因素与后天培养如同事物的内外因，彼此互相制约、转化，女性如果能巧妙利用，将它们与你的个性人格"相映成趣"、相得益彰，那么就会起到事半功倍的效果。什么样的个性才算是好的个性呢?

（1）拥有自信的心态。

上帝赋予我们每个人的外貌都是与生俱来的，如果天生丽质自然值得高兴，但如果不是那么尽如人意却也不必自暴自弃，因为除了亮丽的外表本身，我们还拥有一种发自内心的美丽，那就是自信的风采。

美国科学家曾经做过这样一个实验：他们找到一个14岁的丑女孩，然后让她身边所有的亲友和老师、同学都努力去赞美她，夸她是个美丽的天使，让她对自己越来越有信心，结果两年后奇迹出现了，女孩真的出落成了一个美貌的女子。这个女孩的"美貌"变化，全得益于她自信的心态。由此可见，自信对于一个女人的美丽来说是多么重要。

（2）拥有可人的外表。

毫无疑问，让人心仪的女人一举手、一投足仿佛都包含无尽的个性魅力，叫人忍不住心驰神往。有这样一个年轻女子，虽然穿着一般，可仍掩饰不住她的灵韵。说不出她有多美，她眼波一转，凝而不惑，美而不媚，所有的人都被她的美丽所震住，你不得不承认含蓄的美就是处处通行的护照。

（3）具有聪慧的才情。

作为一个有个性的女人，仅外表漂亮是远远不够的。许多古代才女不但具有漂亮的外表，而且琴棋书画样样通晓，如蔡文姬、卓文君等。现代个性女人也往往才华出众，如好莱坞明星沙朗·斯通。时代不需要那些只有脸蛋没有头脑的"花瓶"，有些只是长得好看而头脑空空的女人，最后也许只能落得个被某大款当作"金丝鸟"包养的命运。

（4）拥有成熟的风韵。

很多人都认为女人只有年轻的时候才个性张扬，一过了30岁，就和"张扬"二字再也无缘了。然而现代社会中女人在经济上可以独立，比从前更注意释放自己，过了30岁后，反倒更具有女性的魅力。成熟的女性，虽然不如那些青春少女们年轻而富有活力，但她们却具有自己独特的韵味。她们会因其阅历丰富、圆融、感性和体贴而散发出无与伦比的光芒。

（5）富于浪漫的情调。

一个女人会因其有个性而越看越美丽，反之即使再漂亮也可能令人生厌。在所有可爱的性情里，要数浪漫的情调最具魅力了。

现代人的生活大都忙忙碌碌，生活的压力使得每个人都感觉有些郁闷，一个喜欢浪漫并善于制造浪漫的女人，不仅会使她的个性变得非常迷人，也能使人忘却她的真实年龄，从而缔造出美丽的情愫来。

如果你具有自信的心态、可人的外表、聪慧的才情、成熟的风韵、浪漫的情调，或者这其中的大多数优点，那么你就已经是一个完美的女人了。

在现实生活中，有的人以"个性是天生的""江山易改，禀性难移"来原谅自己或者宽恕自己，这是不正确的。其实，个人性格品质的形成，不但和先天因素有关，并且和后天的修炼有关，个性并非固定不变的，是随着一个人的阅历、所处的环境的变化而变化的。人的个性，不过是周围社会环境和社会实践的产物。

个性就是个人的生活、自我教育不断修炼的产物。所以，注重个性方面的修养能够帮助女性塑造良好的个性品质,能够更好地开拓生活之路、开辟事业的天地,从而实现人生的价值。

我们每个人的个性、形象、人格都有其相应的潜在的创造性,我们完全没有必要去嫉妒他人的优点。

在人生的成长过程中,在提倡张扬个性的时代,作为女人一定要懂得,你的个性将影响甚至决定你的一生。因此,作为女人,从一开始就要努力向好的个性方面转化。那么,怎样做才能让女人拥有迷人的个性呢?

首先,你要对其他人的生活、工作表示出浓厚的关心和兴趣。每个人都认为自己是特别的个体,每个人都希望受人重视。这一点值得注意,我们应该承认每个人的独特价值。如果你对他人表示了足够的关心,那他人必定会对你有所回报,他们会说你"这个人真好,特别热情,特别会关心体贴人,是一个会爱的女人",并会随时随地对别人说你的好处。

其次,健康、充满活力和具有丰富的想象力也会使你显得迷人可爱。大家都喜欢富有生气的阳光女人,而没有人会喜欢无精打采、死气沉沉的人。

轻松活泼的女人可以给周围人带来一股清新之气,周围的人和气氛也会因她而发生改变,相信人人都会因此而对她产生好感。

再次,要有容忍的气度,这是女人塑造完美个性的最重要一点。每个人都希望自己被人接纳,希望能够轻松愉快地与人相处,希望和能够接受自己的人在一起。那些嫉妒心很强的、小心眼的女人一定不会受到周围人的欢迎和喜爱。所谓气度,就是不要让别人的行为合乎自己的准则，每一个人都会按照自己喜欢的方式来主宰自己的行为，而通常都会有一些行为是不合乎你的准则的。尤其是夫妻之间，做妻子的必须能够容忍丈夫的缺点，只有你的信任和爱，才能得到丈夫的信任和爱。相反，如果丈夫回家后，妻子只会无休止地唠叨和埋怨，换来的会是丈夫的唠叨或者是沉默，甚至会失去了他对你的耐心，彼此相互挑对方的毛病，恶性循环，从而导致感情的破裂。很多大企业老板在提升他的员工的时候，会在提升之前调查他的妻子，看他的妻子是否能够充分信任她的丈夫。

最后，要经常看到别人的优点，学会赞扬别人，这样可以使被夸奖的人感觉到你对他的关注，从而加深你在他心目中的地位。一个成熟的女人，不会停留在接受和忍耐别人的缺点上，她会随时看到别人的优点。每一个人身上都拥有着各自不同的优点，而你的魅力就是集合他们的优点在你自己的身上。只要你能够细心观察，并学习别人的长处来弥补自己的不足，迷人的个性就不知不觉已经存在于你的身上了。

当遇到你难以接受的事情发生时，需要用良好的素质和人格去进行冷静的抉择，要知道冲动莽撞只能使事情向反面发展，对解决问题不会起到任何积极作用。

人的素质面对的是人格，而人格也正要求人们有相当高的素质。所以人们唯一的选择就是：培养素质，发挥素质，转化素质，最后形成一种完善的人格，从而走向成功的道路。

每个人都有自己独特的个性，或许它潜藏在你的性格之中，还没有被你所发掘；或许你已经掌握了自己的个性。

所以，你没有必要去嫉妒他人的优点或跟在别人后面邯郸学步。与其这样,还不如花点心思用于挖掘并完善自己的个性来得实在。通过总结成功经验得出:保持自我的本色以自身的创造性去赢得一个新天地是有意义的。你完全可以相信自己是最好的,出色的女人很多,而你恰好就是其中之一,你的光芒不比任何人弱。在这个世界上你是独一无二的,应该以此而自豪,应该尽量利用大自然所赋予你的一切。归根结底,你只能演奏自己的人生乐章,只能控制自己的人生,只能做一个由你的经验、你的环境和你的家庭所造就的你。

不论是好是坏,你都是独一无二的,你在创造一个属于自己的独特天地,必须在生命的舞台上,或演主角或甘当配角,在人生的漫漫长路中一步步地走下去。

3. 做一个心理独立的女人

在人与人的关系中,只要存在着心理上的依赖性,就必然不会自由选择,不会与人竞争,也就必然会有怨恨和痛苦。由于我们生活在一个相互关联的社会群体中,因此在现实生活中,要保持一种心理独立是很困难的,而不良的心理就会不时地以各种方式侵入你的生活。由于许多人从别人的依赖中可以得到好处,根除这一弊病就变得十分困难了。

我们这里所说的"心理独立",是指一种完全不受任何强制性关系的束缚,完全没有他人控制的行为。这就意味着,如果不存在强制性的关系，你就不必强迫自己去做不愿意做的事。

保持心理独立之所以很难，这与社会环境教育我们不要辜负某些人，比如父母、子女、上级以及恋人的期望等因素不无关系。

当然，女人的个人独立并不代表真正的成功，圆满的人生还必须追求一种更加成熟的人际关系。不过，人与人的相互依赖关系必须以个人的真正独立为先决条件。女人依赖男人是正常的，因为女人最重要的是维持稳定牢固的家庭关系。但是，如果形成这样的状态，就是需要注意的事情了：如果对方给你幸福，你就幸福；他不给你幸福，你就不幸福。你把自己的幸福完全寄托在对方是否给予上，这就叫作"索取"型的幸福。这种精神上过度索取的"依恋"很快就会超出男人的承受程度，让他形成一种巨大的心理压力，进而选择退缩。索取型的依恋实质上就是女人的控制欲，当女人抓得越紧，男人便会逃避得越快。所以，女人在心理上也要独立，这种独立一旦形成，女人就会变得非常快乐。女人一旦独立了、快乐了，就不会对男人进行紧迫的控制，那么男人也就不会选择逃避了。

心理独立是一种能力，也是一种手段，但绝对不是女人的终极目标。通过独立，让自己快乐起来，获得牢固而又稳定的婚姻关系，这才是女人正常合理的追求。

女人要实现心理独立，首先就得摆脱依赖他人的需要。请注意，这里讲的是"依赖的需要"，而不是"与人交往"。一旦你觉得你需要别人，你便成了一个脆弱的人，一种现代奴隶。也就是说：如果你所需要的人离开了你、变了心或者是死去了，那么你必然会陷入惰性、精神崩溃甚至是绝望以至于求死的境地。社会告诫我们不要总是在等待某些人来安抚你。

依赖使一个女人失去了精神生活的独立自主性。依赖性强的女人不能独立思考，缺乏工作的勇气，其肯定性也是比较差的，会陷入犹豫不决的困境。她一直需要别人的鼓励和支持，借助别人的辅助和判断。依赖者还会出现剥削者的性格倾向——好吃懒做，坐享其成。

女性可采取以下几种方式来实现心理独立：

（1）在自我意识上制定一份"自我独立宣言"，并向他人宣告，你渴望在与他人的交往中独立行事，彻底消除任何人的支配（但不排除必要的妥协）。同时与你所依赖的人谈话，告诉他们你需要独立行事，并明确你独立行事时的感受和目的。这是着手消除依赖性的有效方法。

（2）敢于说"不"，能够提出有效的生活目标。确定如何在这段时间内同支配你的人打交道。当你不愿意违心行事的时候，不妨回答说"不，我不想这样做。"然后看看对方对你的这一回答的反应如何。当你有足够的自信心的时候，同支配你的人推心置腹地谈一谈，然后告诉他，你以后愿意通过某个手势来向他表明你的这种感觉，比如说你可以摸摸耳朵或者是歪歪嘴来表示你有自己的看法。

（3）当你感到心理受人左右的时候，你不妨告诉那个人你的感觉，然后争取根据自己的意愿去行事。请记住：你的父母、恋人、朋友、上司、孩子或者是其他人常常会不赞赏你的某些行为，但这丝毫不影响你的价值。不论在何种情况下，你总会引起某些人的不满，这是生活的现实。你如果有思想准备，便不会因此而忧虑不安或者是不知所措，便可以挣脱在情感上束缚你的那些枷锁。如果你为支配者（父母、朋友、孩子或上司等）而陷入惰性，那么即便有意回避他们，也还会无形中受人支配。

（4）运用推心置腹调节自己的意识。如果你觉得出于义务而不得不看望某个人，问问你自己：若别人也出于此种心理状态，你是否愿意让别人来看望你。如果你不愿意，那就应该换位思考一下，"己所不欲，勿施于人"。

4. 生命的好坏在于你是否用心去体会

"生"对人而言可谓意义重大。人既生于世，首要考虑的问题就是该怎样活着。人生大致可分为"生存、生活、生命"三个层次，每个层次带给你的感受是截然不同的。但情况往往是这样，许多人拼尽全力驰骋于人生的疆场上，到头来却不知自己该活在哪一个层次，为此半生无味。

我有一个从事推销业务的朋友，她每天为了生活忙忙碌碌，不停奔波。她说，她时刻担心如果自己业绩不佳，会被经理勒令走人。

一天，我与她探讨如何苦中作乐，如何寻找工作意义，正讨论得火热之时，我问她："人生有生存、生活、生命三个层次,你觉得自己活在哪个层次比较多?"

已近不惑之年的她,还算是一个性格爽朗、心胸开阔的人,可是当重压在身时,却容易走进死胡同而不肯回头。

她思索了好一阵,似有些忧郁地说:"在家里,我和家人就是吃、睡、看电视,好像多半处于'生存'的层次;和同事能多聊一会儿,应该'生活'层次多一点;'生命'层次是什么?我不太懂,我想不是很重要吧。"

她现在已经没有心情顾及别的东西,养家糊口成了她生活的全部内容,但我觉得她之所以不快乐还与她本末倒置的生活状态有关。为此我又问她:"当孩子从外回家,通常你会怎么做?""我会说:'回来了。'要不就是看她一眼,再继续看电视。"

"你觉得这属于哪个层次呢?"我问她。"生存层次。"她回答得很利落。"所以,缺少了'生活'层次的互动学习,也缺少了'生命'层次的关怀与分享……"我有些遗憾地说道。

"噢!"她恍然大悟,"我知道了,以此来看,我工作上的压力也是缘于此了。我与客户交往时,只停留在'生存'层次的'赚钱'目的上,所以谈起来感觉很困难,压力也就自然地产生了!"

"对!"我鼓励她,"如果不是只为了'生存'而赚钱,还能为了'生活'而成长,为了'生命'而乐于分享,日子就会好过得多了。"

其实，活着就是这样，不管你单独活在哪一个层次上，久而久之都会衍生出焦虑和压力。唯有三者统一，在生存的基础上多点生活的韵味、多点生命的色彩，人生才能尽显其缤纷和绚丽。

生命的好坏在于你是否用心去体会。

没有任何事可以成为你结束生命的理由，生命是宝贵的，只要对生命始终保持一种积极的态度，只要把生命的每一个细节都细细地咀嚼，生命就会永远鲜活而多彩。

我不知道，世界上什么困难会击倒一个人，我也从来没有为这个问题而做过多地考虑。直到有一天，我面对一个因事业失败而自杀的人时，我才开始认真思索，人最大的敌人是谁。

人的一生中，困难、挫折是不断出现的路障或陷阱，有时令你防不胜防。诸如失恋、失业、病痛、无家可归，种种不幸常常让人产生不想活的念头。难道这些不如意真的严重到危及生命吗？其实，仔细想来，人最大的敌人还是自己。

有时候，当我们经历了人世的喧嚣而渴望一种平静的状态时，当我们在世俗的激流中冲洗、打磨而变得练达、成熟时，我们的心境就会像一片广阔无际的旷野，我们心灵的深处就会呈现一片自由而高远的天空。

生命是极为美好的，处在逆境中的人却常常忽略了这一点。而那些真正与死神擦肩而过的人，才能豁然感悟生活的真谛。

有一位来做心理咨询的老人向我讲述了他的故事：

我年轻的时候也曾因为受到一点挫折想过要自杀。一个晴朗的早晨,我趁妻子和孩子仍在熟睡,便悄悄起床,拿了一根绳子来到树林里,走到一棵结实的樱桃树下,我想把绳子挂在树枝上,扔了几次也没成功,于是我就爬上树去。树上挂满了樱桃,我摘了一颗放进嘴里,真甜啊!于是我又摘了一颗。我贪婪地品尝着樱桃的甜美,直到太阳出来了,万丈金光洒在树林里,阳光下的树叶随风摇曳,满眼是细碎的亮点。我第一次发现林子这么美丽,这时有几个上学的小学生来到树下,让我摘樱桃给她们吃。我摇动树枝,看她们欢快地在树下捡樱桃,然后蹦蹦跳跳去上学。看着她们远去的背影,我突然发现生活原来还有那么多的美好等我去享受,我为什么要早早地离开呢?我收起绳子回家了。从那以后我再也不想自杀了。

在听他讲述的时候,我似乎不是在听一个人讲述自杀,反倒像是在听一个人描述美好的早晨,我也完全被他眼中的美景迷醉了。生活的确有很多美好,就看你是否是用心去体会。

一个曾欲放弃生命的朋友,当她挣脱了死神的召唤后,我问她死亡的感觉是什么样子。她说一直在昏迷中,没觉着怎么痛苦。倒是出院的那天,看到阳光如此明媚,外面的世界如此新鲜,孩子们高兴地在广场上放着风筝真是可爱。长这么大第一次发现世界是这样的美好。

其实,世界还是那个世界,只是感受世界的那颗心不同了而已。

生命是一列向着一个叫"死亡"的终点疾驰的火车,沿途有许多美丽的风景值得我们留恋。

我们在平凡中诞生、成长，在没有浮躁和喧哗的地方老去、消亡。我们经历了世间的沧桑和世俗的烦琐，为曾经历或正在经历的生命深处的困惑而变得坚强和果敢；为曾经拥有刻骨铭心的痛苦经历而自豪。我们在失败的苦难中自励，在成功的喜悦中自省。这就是我们能够真正面对现实的缘由。

当你用坚强武装自己并战胜不幸的时候，你会发现，你曾经想结束生命的想法是多么可笑和可怕。生命只有一次，没有任何事可以成为你结束生命的理由。

生命是一个过程，也是一种结果。生命的意义不仅在于耕耘，也在于收获。只顾耕耘不问收获是对生命的不负责；只问收获不善耕耘同样会带来生命的缺憾。

5. 培养属于自己的兴趣爱好

现代女性一般都有一份属于自己的工作，工作让一个人有稳定的生活保障，不应该放弃。有一份工作让你知道每天可以去什么地方，去做什么，你会觉得受益于此。可是几乎所有人都讨厌自己的工作，正所谓"干一行厌一行"。要从别人口袋里赚钱的事情总有外人不知道的难言之处。

大部分女人下班后的生活其实相当乏味单调。电视机或电脑前面一坐，时间哗哗地溜走。只要一看电视，你就什么也干不了，这是一种懒惰的惯性。坐在沙发上，哪怕节目十分无聊幼稚,你也会不停地换台,不停地搜寻勉强可以一看的节目,按下关闭键显得那么困难。很多女人在工作以外都是这样的"沙发土豆"。黄金般的周末,多半也是在不愿意起床、懒得梳洗、不想出门中胡乱度过。同时,几乎所有人都在抱怨没有时间,真的有时间的时候又不知道该如何打发,只是习惯性地想到睡觉和"机械运动"——看电视、玩电脑游戏。事后又觉得懊恼,心情愈加沉闷。

这就需要作为女人的你,在八小时以外能够培养一些自己的兴趣,在增长知识的同时提升自己的品位!闲暇时间说多不多,说少也不少。为了打发时间,也应该培养一门高雅的兴趣爱好。

兴趣是一种人们喜好的情绪,不仅能够丰富人的心灵,而且还可以为枯燥的生活添加一些乐趣,同时还能借着它对社会有所贡献。所以,一个人只要为自己的兴趣去追求和努力,兴味盎然地去做一切事情,就能把生活点缀得更加美好。

人有各种各样的爱好,这完全依个人的兴趣而定,有高雅艺术方面的,也有在生活中形成的一些习惯。总之,自己喜欢做、又有一定追求价值的都可以算,当然,这里说的兴趣不包括吃零食、睡觉、看电视之类的。

还要特别记住,爱好只是一种乐趣而不是日常工作。爱好的事物都是喜欢的,只要喜欢就做,用不着担心是否可以完成。在过程中体验乐趣,这才是爱好的真正意义。比如说画画,不一定非得画得完完全全,不一定非得有什么主题,即兴发挥、兴趣所至就行。

业余爱好还有一个重要的心理辅助功能,那就是增强人的自信心。当你忙碌了一天，却因发现自己一事无成而很不开心时，不妨忘掉这些，马上投入到自己爱好的事情上，这时你会忘掉一天的烦恼，进入到享乐的情趣中，同时自信又会重新产生。爱好的事情常常都会做得非常好，因为是自己的特长，甚至有时一个人的爱好还可成为一种谋生手段，改变一个人的职业生涯。所以，当女人无所事事时，不妨发展自己的爱好，它可以帮助你减轻生活压力，同时带来无穷的乐趣。

拥有迷人的魅力是每个女人的梦想，因此，有成千上万的女性在寻找打造迷人魅力的秘诀。想要成为富有魅力的女人，不仅要注重外表的修饰和内在文化的修养，更应该重视自己的兴趣与爱好，只有这样才能长久地保持神秘感和对异性的吸引力。

试想，一个女人虽具有美若天仙的容貌，但如果没有一点自己爱好的东西，也没什么目标，整天默默无闻地跟在男人身后，没有自己的事情可做，那么，外表的美会变得非常脆弱，而她也没有什么魅力可言，任何有品位的男人都不会欣赏这样的女人。

晓颜20岁，长得清秀可人，并且还拥有魔鬼身材，见过她的男孩无一不对她产生爱慕之心。在众多追求者当中，女孩看上了优秀的小辉，并且答应做他的女朋友。"天有不测风云"，他们交往还不到半年，小辉突然提出要与她分手，晓颜向小辉询问分手的原因，他没有回答，只是默默地走开了。晓颜很伤心，但由于身边的追求者较多，很快又与一个叫李彬的男孩交往了，但交往了大概三个多月,李彬也向她提出了分手,这对于女孩来说,无疑是一个晴天霹雳,她不明白自己有如此靓丽的外貌,为什么小辉和李彬还会选择与她分手?难道自己就那么不讨人喜欢吗?她心中有着各种难以解开的疑问,于是向李彬询问分手的原因,李彬无奈地说:"知道吗,我第一次见到你,就被你的外貌迷住了,我从未见过如此美丽的容貌,足以将人融化,令人为之心动。还记得当时的那个画面,温温的、暖暖的声音,还有你浓浓的柔情眼神,让我就这么陷进去而无法自拔。但和你交往的这几个月以来,从来没有听你说过自己喜欢什么,对什么比较有兴趣,平时问你想要去哪里玩,你总是说无所谓,哪里都行。我一直都很喜欢有情调的女人,讨厌盲目的女人,晓颜,我们分手吧,你的没有主见让我窒息。"就这么几句话,他转身而去,没有任何的犹豫、任何的停留。

如果女孩有自己的主见,有自己的目标,有自己的爱好,或许他们会有美好的未来。但一切都晚了,是这种盲目使她的幸福偷偷溜走。可见,发展个人的兴趣与爱好对于女人来说有多么重要,它影响着一个女人独有的气质,甚至未来的幸福。

所以说,有品位的女人一定要有一种自己的兴趣爱好。那么,到底如何培养属于自己的爱好呢?

(1)培养一项高雅的爱好。认真地研究你的爱好,或许有一天,你的爱好会对你的职业有莫大的帮助。有一门业余爱好,有的人甚至发展到了相当高的水平,有可能改变你的人生。

（2）请选择这样的爱好：音乐、绘画、雕塑、舞蹈、书法、围棋、国际象棋、鉴赏古物、品酒、桥牌、学习一门外语等等。如果你有条件，最好请一位私人教师，你会发现一对一的学习效果令人吃惊。

（3）为了大脑的灵活，至少学会欣赏古典音乐。有位女士说有太阳的早上自己会播放男高音帕瓦罗蒂的曲子，浑身充满了高昂的情绪；阴天的早上则播放忧郁的日本音乐，这种哀愁像雪天里饮清酒。还有一位女士会在商务谈判时为客户播放贝多芬的音乐，难道不是很有创意吗？

6. 勇敢地面对死亡

世上万事万物都有始有终，生是我们的开始，死是我们的结束。我们对死亡应该有新的解释，死亡并不是痛苦的、悲惨的，它并不可怕，有时只是我们不能接受而已。

死亡是生命的最后一个过程，有它的存在，生命才得以完整。我们不是要挑战死亡，而是要接纳死亡，这种认识不是凭空而来的，也不是宗教上的认识，而是对文化的重新认识。

面对死亡要有一种达观的态度。

庄子的妻子去世了，惠子去吊唁。看到庄子两腿张开，蹲在地上，正敲着盆子唱歌。

惠子说:"和人家结为伴侣,人家生儿育女,身老而死,你不哭也罢了,竟然敲着盆子唱歌,不是太过分了吗!"

庄子说:"不对,她刚死的时候,我怎么能够不难过!可是探究她的开始,本来没有生命。不仅没有生命,而且没有形体。不仅没有形体,而且没有气。混杂在恍恍惚惚之中,变化而产生了气,气变化成了形体,形体变化有了生命,现在又变化因而死亡,这些就好像是春夏秋冬一年四季在运行。人家就要安静地到天地这间大房子里休息,我却嗷嗷地哭,自己认为这样是太不懂得命运,所以止住了哀痛。"

列夫·托尔斯泰曾说过:人生唯有面临死亡,才会变得严肃,意义深长,真正丰富和快乐。

死亡并不可怕,积极的人,生而乐观,面临死亡也会把它看作是一件好事。

有一个女人被诊断出患上绝症,只能活三个月了,于是她开始准备自己的后事。她请来了牧师,告诉牧师自己希望在葬礼上吟咏什么韵文,喜欢读什么经文,愿意穿什么衣服下葬。她还要求把自己特别喜爱的《圣经》也葬在身边。一切安排妥当后牧师便准备离开,"还有一件事",她好像突然记起了什么重要的事,兴奋地说,"这很重要,我希望埋葬时右手拿着一支餐叉。"

牧师站在那儿盯着这个女人,简直不知说什么。"让你吃惊了吧？"女人问。"唔，说实话你的要求把我弄糊涂了！"牧师回答。女人解释道："在我参加教友联谊会的所有这些年里，我总记得每当菜盘收走时有人必然会俯过身说，'请把餐叉留着。'我很喜欢这一时刻，知道将要吃到更好的东西了，比如醇和的巧克力蛋糕或苹果馅饼。那真是太妙啦，并且也有意义！所以我就想让人们看见我躺在棺材里手里拿着餐叉，心里纳闷'用那餐叉做什么'，然后我想请你告诉他们：'请把餐叉留着……下面要上最好吃的东西啦。'"

牧师于是和这个女人拥抱诀别，眼里涌出欢乐的泪水。他知道这是她临终前他们之间的最后一面。不过他也知道这个女人比他更能理解天堂的含义，她明白更加美好的东西即将来临。这是一个女人面临死亡的态度，她把死亡看作是等待她的"一件更好的事"。于是，她欣然接受了死亡。

生老病死是生命进程中的必然规律。既然死亡无法避免，那么就让我们把死亡当作伴侣，永远不要害怕面对它。很多人惧怕死亡，事实上他们也从来没有真正痛快地生活过。我们只能对这样的人表示同情，这些人无法了解因死亡的存在，才使我们更能享受人生。不妨学习一下那位乐观的女士，勇敢地面对死亡，永远不要逃避它，也许最好的东西就要来到了呢。

7. 生活其实不用过得那么累

生活中，常听一些女人喊出这样一句话："生活真是太累了"。其实，生活本身并不累，它只是按照自然规律、按照它本身的规律在运转。说生活太累的女人都是因为自己错误的生活方式，才会让自己活得太累、太辛苦。

感觉生活太累的女人通常都是一些胆小怕事者，她们每说一句话都要考虑别人会怎么看待自己，会不会因为这一句话而伤害某人；每做一件事都要瞻前顾后，生怕因为自己的举动给自己带来不好影响。工作中，对领导、同事小心翼翼；生活中，对朋友、邻居万分小心。其实，你的周围有那么多人，而每个人的脾气都不一样，你不可能做到使每个人都满意。即使你样样谨小慎微，还是有人对你有成见。所以只要不违背常情，不失自己的良心，那么挺起胸膛来做人、做事，这样的效果可能更好。

感觉活得太累的女人往往不懂得如何很好地调整自己，每遇不幸之事发生时，她们总是无法乐观地去看待，而且容易对生活产生悲观想法，似乎世界末日就要来临了。哪怕是看电视时看到国外发生了地震死了许多人，也会紧张得要命，夜里不得安睡，总是疑心地球要爆炸了，说不定哪天自己就上西天了。你说，这不是杞人忧天吗？

总是感觉生活太累的女人，必然看不到生活中光明的一面，更感觉不到生活的乐趣。因为她的时间统统用来盯住自己周围狭小的一点空间，而无暇顾及他事，而且她的生活是非常被动的，因为她不愿主动去做什么，生怕天上飞鸟的羽毛砸了自己。这样的生活是不会幸福的，更没有快乐可言。

有压力才有动力，所以，压力并不一定就是坏事，也是人生不可缺少的。但是压力过度，人体过于紧张，则会导致肾上腺素分泌过量，从而破坏身体的机能，影响健康。影响女性健康的三种"紧张"症状，一是"身体症状"，如便秘、颈椎病、头痛、腰酸等；二是"行动症状"，如购物依存症、酒精依存症等；三是"精神症状"，如急躁易怒的情绪。紧张，会使交感神经的作用过强，导致血管收缩，血压上升，同时也会使血流不畅，引起身体发冷。

因此，对于已经习惯于长期处于紧张状态的职业女性而言，你现在需要的是放松，学习适合自己的放松方式，以此改变应付压力而形成的生活方式，彻底消除健康隐患。

生活的压力来自方方面面，减压的方法也应不拘一格，采取内外兼治的方法最有效。

（1）加强体育锻炼。

体育锻炼是减轻压力的有效途径。体育运动不仅能够让血液循环系统运作得更有效率，还能够强化我们的心脏与肺功能，直接地增强肾上腺素的分泌，让整个身体的免疫系统强大起来，从而有更强的"体质"去应付生活中随时可能出现的各种压力。我们可以持之以恒地从事各项运动，特别是做有氧运动，例如游泳、跳绳、踩单车、慢跑、疾步行走与爬山等。在运动中,我们将体会到轻松并达到忘我的境界,享受大自然的美妙,心灵也会在天地相融中被净化。

(2)消除紧张感。

紧张,是一个人的心理因素造成的。世上许多道德家、宗教家等,一味地大力鼓吹"严于律己"的思想,使人们把在压力下生活视为正常,这往往造成身心的紧张。想要踏上成功的道路,首先要消除这种紧张感,达到身心的放松。即使紧张是天生的,也要靠人为的努力舒缓紧张。紧张感不消除,人就难以轻松。

生气、后悔、怨恨、恐惧等,这些情绪很容易产生,但想消除因此而产生的紧张,借由放松而将自己及周围的人导入平和的境界却是很困难的。

为了消除上述原因造成的紧张,我们可以采取以下办法:

——当我们有什么事烦恼的时候,应该说出来,不要闷在心里。事实证明,倾诉,是排除心中积郁的有效办法。可以把烦恼向我们信赖的人倾诉,例如自己的父亲或母亲、丈夫或妻子、挚友、老师……

——当事情不顺利时,如果迫使自己忍受下去,无异于自我惩罚。我们可以暂时避开一下,把工作抛在一边,然后去看一场电影或者读一本书,或者上网聊聊天、做做游戏,或去随便走走,改变环境,看看大自然,这些都能使我们得到放松。当我们的情绪趋于平静,而且当我们和其他相关的人均处于良好的状态,可以解决问题时,我们再回来,着手解决存在的问题。

——如果我们被某人激怒了,真想发泄一番,这时应该尽量克制，同时去做一些有意义的事情，然后把这件事放到明天。例如做一些诸如园艺、清洁、木工等工作，或者是打一场球或散步，以平息自己的怒气。

——如果我们经常与人争吵，就要考虑自己是否太主观和固执。要知道，这类争吵将对周围亲人，甚至对孩子的行为带来不良的影响。即使我们是绝对正确的，也可以按照自己的方式稍做谦让。我们这样做了以后，通常会发现别人也会这样做。

——先做最迫切的工作。在紧张状态下的人，连正常的工作量有时都承担不了。工作显得如此繁重，去做其中的任何一部分都是痛苦的，先做最迫切的事，把全部精力投入其中，一次只做一件，把其余的事暂时搁到一边。一旦做好了，就会发现事情根本没有那么"可怕"。做了这些事之后，其余的做起来就容易得多。

（3）保持宁静。

保持宁静，是舒缓心中压力的另一条途径。马卡斯·奥里欧斯认为："第一个原则是保持精神不要混乱；第二个原则是要正面观看事物，直到彻底认识清楚。"不要因为事情演变而扰乱了我们的精神，对生活中发生的事始终保持一份沉静很重要。

宁静，既是身外的安静，也是内心的镇静。保持宁静，可以意静守笃，调节身体气血运行的全面平衡，以达到养心健身的良好功效，而且还能全面仔细地考虑问题，有助于处理好周围发生的一切。所以，宁静不仅可以修身养性，也可以调节人的精神。

宁静,可以力戒虚妄,力戒焦虑,力戒急躁,力戒一切烦恼的事,做到心清意静,可以感觉到一般人感觉不到的东西。

宁静是一种调节,一种超脱,一种升华。

(4)恬淡寡欲。

恬淡寡欲,不追求名利,也有助于减压。清末张之洞说,"无求便是安心法"。著名作家冰心也认为,"人到无求品位自高"。这些都说明淡泊是一种崇高的境界和心态,是对人生追求在深层次上的定位。

(5)合理调整饮食。

要少吃油腻及不易消化的食品,多食新鲜蔬菜和水果,如绿豆芽、菠菜、油菜、橘子、苹果等,及时补充维生素、无机盐及微量元素。

人生就像一次旅行,在短短的人生之旅中,谁都希望能抓住每分每秒、掌握成功的契机,但是忙碌的生活经常让人感到压力沉重,长期下来,导致心情郁闷、烦恼丛生。生活其实不用过得那么累,放开胸怀,不追求物质享受,生活简朴、没有包袱的生活一定能心情舒畅。

8. 拥有一颗善良的心

人人都知道:"人之初,性本善。"但当我们经历了人生百态之后,心中是否还存留一份"善"呢?或许我们有,是否早就被各种诱惑所腐蚀了呢？

《菜根谭》上有这么一句话："行善之人，有如芝兰之草，不见其长，但日有所增；作恶之人，如磨刀之石，不见其灭，但日有所损。"翻开历史长卷，多行善之人，他们都流芳千古，永远为人们所敬仰与怀念；而那些坏人，他们的恶名则遗臭万年，永远遭受世人的唾弃谩骂。即使不谈死后如何，只谈每个人的一生，一颗善良的心也是幸福快乐的需要。

一个关于丑女和美女的故事，可以解释这个问题。

有一个人投宿到一家客栈里。店主人热情地接待他，并向他介绍自己的家人。主人有两个小妾，一位楚楚动人，一位相貌丑陋。

奇怪的是，店主偏偏宠爱那个丑女，而冷淡那位美女。他便打听缘由。店主告诉他，那个长相漂亮的女人自恃美貌却轻视他人，我越看越觉得她丑；而这个看起来丑陋的女人，心地善良、通情达理，我越看越觉可爱，所以我一点也不觉得她丑陋。

说到这里，正好那位漂亮的小妾昂首挺胸地走过来，主人连看都不看她一眼，对这个人继续解释："瞧她这德行，实在叫人生厌，她哪里知道什么叫美，什么为丑！"

这个故事诠释了一个女人"美丽"的真正含义。

女人真正的美丽，是内外兼修的美，是外在与内心和谐统一的美。

男人到了中年就会发现，原来女人的美丽不在外表，而在具有包容心和好脾气。

男人选女友时,第一都是看身材和脸蛋,人品性格和脾气通通不管,但当考虑到妻子人选的时候,女人的外在美就不再那么重要,他会综合考虑其他很多因素,比如她的性格、品质等。

也就是说,女人美丽的外表只是男人目光的引导者,至于他的目光停留多久,那就要看这个女人其他的魅力了。正如德国诗人歌德说的,"外貌美只能取悦一时,内心美方能经久不衰。"

当一个女孩真正拥有善良美德的时候,她才是最美丽的,这样的女孩就像一块闪闪发光的宝石,不仅照亮了自己,更照亮了别人的心灵。

对一个女人来说,真正的美丽是从心开始的,如果一个人只有外表美而没有心灵美,就好比是正数乘以负数,结果还是负的。

如果一个女人只懂得追求外表的美丽而不懂得追求心灵的美丽是非常可悲的。一个真正美丽的女人对美的追求不是着眼于容貌与身姿,更多的是心灵的美。当一个女孩运用心灵的力量如同运用化妆的粉扑那样得心应手时,那么她也将真正变得更加美丽。

有一次,医生分别对自私的女人、小资的女人和善良的女人说,如果你的生命只有三天,你会在这三天里做什么?

自私的女人说:"我会去享受生活,花光所有的钱,好好打扮自己。"

小资的女人说:"我会好好旅游,去看看海,去爬爬山。"

善良的女人这样说:"我会像什么也没发生一样,好好陪着我的亲人走完生命最后的路。"

女人一旦拥有一颗善良的心,就会善解人意,极富感情。她可以牺牲自己的利益而去成全别人,可以俭朴却心志不变,也可以委屈而不失自尊。善良的女人不会轻易埋怨世人,不会牢骚满腹,在默默工作的同时不忘理解、体贴他人。

优秀的女人必须是善良的。之所以把善良说得如此重要,是因为善良是这个世界上最美好的一种情操,是人类先天存在的崇高的根基——"人之初,性本善"。

善良是做人最基本的品质,如果女人善良,她就是美的。这种美虽然不会马上让人觉察出来,但这样的女人却最耐人寻味。男人会感觉这个女人身上带有母性,女人会觉得这个女人更贴心。所以,多数男人都会很乖地听她的话,女人也多称她大姐。

当然,善良也是有原则的,心软也算一种善良,但问题是,不是所有的问题你都能"扛",要分清值不值得去"扛"?能不能心安理得地去"扛"?只有善良,又能"扛"住多少重负?

因为善良而受伤害的人,往往有些懦弱,甚至无知。当他们发现问题的时候,不愿意往坏处想,是不愿意去面对并解决问题,所以就以一种牺牲的精神将善良淋漓尽致地挥洒,因为在他们的心中，总是认为"善会战胜恶"。善会战胜恶当然是真理，但是，善良的妥协往往会被"恶"所利用，"善良"付出的代价也会很大。犯这样简单而重复的错误，善良就脱离了本质上的纯洁，更不能成为所谓的理由。所以，只有冰雪聪明又善良的女人才是女人中的极品。

女人如果又善良又聪明，当她遇到一个好男人，那就是真正幸福了；但如果缺少判断力，只有善良忍让而没有勇气抗争和改变，再遇上一个不负责的男人，那可就是最大的悲剧了。

有些女人，在遭受伤害后成为最"毒"的妇人，其实，那往往是女人拿善良做赌注却又满盘皆输的结果。还有的女人，受功利驱使，将女人善良的本性剥离，变得功利、贪婪、狠毒，同样不会有好结果。

很多漂亮女人刻意呵护自己光洁的肌肤，注重自己的一颦一笑，但她们往往忽略了内在的修养。虽然外表的漂亮可能会给人带来外露的诱惑，但这种诱惑却很可能是暂时的，最终会让人发现这漂亮后面隐藏着丝丝浅薄。如果只凭漂亮的脸蛋，虽能得到他人一时的青睐，日久却难免让人生腻，最终被淡忘。

优秀的女人必须是善良的，只有用心灵才能感觉到美的存在，因为它同样源于一个人的心灵，内心的善良是这种美的先决条件。之所以把善良看得如此重要，是因为善良是这个世界上最美好的情操。

每个女人都应该知道，除了外貌，当初你是凭哪一点将他"拿下"的。是你的纯真、活泼可爱，还是勇敢、坚定不移？

是感情细腻、温柔多情，还是开朗豁达、宽宏大量？

　　他欣赏你的这些优点并对你产生了深深的眷恋——这就是你的个人魅力之所在。

第二章 腹有诗书气自华，蓄养优雅气质

任何一个有才华的女子，她的才情都是用足够的知识和生活经历积累的。知书达理的女人，如火之有焰，如灯之有光，如金银之有宝气。不要得意青春的娇艳，不要满足犹存的风韵，更不要感叹岁月的无情，永远保持健康美丽、乐观向上的心态，多读好书，你便是最美丽的女人，幸福快乐的人生将会永远陪伴你！

1. 读书让女人雅致飘逸

在浮躁的环境中，依然坚持读书的女人就像一朵静静绽放的花朵，她们因为知识而变得优雅，变得美丽。

每个女人都渴望美貌，但纵使美若天仙，也经不起岁月的磨砺，而优雅的女人纵然鬓发如雪，依然散发着十足魅力。想要这种魅力，读书是一种无可替代的方式。

读书，是件既惬意又有意义的事。不管是持卷吟诵还是信手漫翻，是端坐于书房废寝忘食还是浮生偷闲见缝插针，沾上"书"字的女人，多了一份淡定，少了一份急躁；多了一份清新，少了一份俗气；多了一份从容，少了一份窘迫。读书让女人更加超凡脱俗，雅致飘逸。

小美与小静是一对孪生姐妹，家境贫困，姐妹俩高中没有毕业就同时前往广州打工。姐姐小美有了钱，大部分用于买时装和化妆品，她说，青春不美，到老后悔。而妹妹小静每月一发工资，首先去的场所却是书店。两年后，小静自学考上了大学，毕业后，成为一家报社的记者。后来，她与一个工程师结婚了，过着优雅而恬静的生活，读书依然是她生活的重要内容。而她的姐姐仍然过着有钱就买化妆品的生活，但在市场卖菜的她，再多的化妆品也遮不住时光留下的残酷痕迹。

苏轼有诗云："腹有诗书气自华"。莎士比亚也曾说，"生活里没有书籍，就好像植物没有阳光；智慧里没有书籍，就好像鸟儿没有翅膀。"古今中外，书作为人类最亲密的伙伴，是人类永不过时的生命保鲜剂，对女人尤其如此。在岁月面前，美丽稍纵即逝，而智慧的沉积带来的却是永恒的魅力和美好的生活。在书和时装只能选择其一的时候，小静选择了书籍，博学让其貌不扬的她成为"颜如玉"。她一直不停地用知识丰富自己的人生，最终得到了自己想要的生活。

曾为英格兰女王的简·格雷在年轻时，有一天坐在家中窗下沉迷地读着柏拉图对苏格拉底之死的美丽描述。她的父母亲都在花园里狩猎，猎狗的狂吠之声从开着的窗子里清晰地传进去。一位来访者十分惊异，简·格雷女士竟然不参加他们的游戏！她平静地说："我认为，他们在花园里的快乐不过是我在柏拉图那里所获得的快乐的影子罢了。"

这位高贵的英格兰女王简·格雷，虽然她的王位和生命都很短暂，但她优雅从容的气质却是每个女人都梦寐以求的。岁月流逝可以带走女人漂亮的容颜，却无法带走女人的美丽和优雅。

一个优雅的女人必定是一个善读书之人，举手投足，自有风韵。她在唐诗宋词、中外名著中流连忘返，在散文诗歌中修身养性，如入芝兰之室，久而不闻其香，而"香"却在骨里。这样的女人浑身洋溢着书卷气息，言谈举止无不流露涵养聪慧，一颦一笑无不透露着清新典雅。即便她衣着简朴，素面朝天，但无论站在哪里，都是一道亮丽的风景。

优雅的生命源于高贵的灵魂，高贵的灵魂源于广博的书籍。"书卷多情似故人，晨昏忧乐每相亲。眼前直下三千字，胸次全无一点尘"。读书破万卷的女人才能心无挂碍，思无羁绊，心态平和，可以静听潮起潮落，坐观云卷云舒。

读书的女人，拥有水的柔情、山的伟岸和青松般四季常青的品性，面对人生的风霜雪雨、困难挫折，她们有着顽强的斗志和毅力，不哭泣不抱怨，用智慧重塑信心。

读书的女人懂得给予生命平等尊重，她们识人的标准不是看他或她的富有或者地位，从而让与她接触的所有人如沐春风。读书的女人懂得尺有所短、寸有所长的道理，总是喜欢发现别人的长处，远距离欣赏，近距离接触。

著名作家王玉君说："世界有十分色彩，如果没有女人，世界将失去七分色彩；如果没有读书的女人，色彩将失去七分的内蕴。爱读书的女人美得别致，她不是鲜花，不是美酒，她只是一杯散发着幽幽香气的淡淡清茶。"所以，女性们，在繁忙的工作之余，请摊开一本喜欢的书吧，全神贯注地投入，从金钱、物质等世俗的欲望中解脱出来，以书怡性，以书怡情，这样你会更优雅。

读书是一种最好的时尚。它美容养颜，它有故事情节，有爱恨情仇，有处世之道，有为人的分寸，所有的答案，书里都会给你指点迷津。读书的女人,思维活跃,心境开阔,通情达理,人见人爱,与她们相处就犹如身处一种和谐、宽容的环境里,心情愉悦,心花怒放。

所以,读了书的女人,就连面部皮肤也自然而然地变得丰润而富有弹性,美丽得让人无可挑剔。对于书,不同的女人有不同的品味,不同的品味读不一样的书。

有的女人,喜欢读思想性强、有哲理、有深度的书,她们提高了自己的人生境界、增强才干,使自己生活得更充实。这样的女人本身就是一本书,一本耐人寻味的好书。

有的女人,喜欢读唐诗宋词,读古今中外优美的散文,在优哉游哉的闲适中修身养性,铸就了淡泊平静的一生。这样的女人像一首诗,清新素净,非常可爱。

读书是女人的立身之本。喜欢读书的女人,学历可能不高,但一定有文化修养。有文化修养的女人大都知书达理,处事冷静,善解人意。经常读书的人,一眼就能从人群中分辨出来,特别是在为人处世上也会显得从容、得体。有人描述,经常读书的人言必有据,每一个结论会通过合理的推导得出,而不是人云亦云或信口雌黄。

读书的女人,她们以聪慧的心、宽广质朴的爱、善解人意的修养,将美丽写在心灵上。读书,使她们更潇洒;读书,为她们添风韵。她们即使不施脂粉也显得神采奕奕、风度翩翩。

读书,滋润女人的心灵,让她们知道怎么才能找到解决问题的办法。她们智商比较高,能把无序而纷乱的世界理出头绪,抓住根本和要害,从而提出科学解决问题的方法,拒绝盲目;她们做的每一步都是经过深思熟虑的,而这些正是平时不读书的人所欠缺的。

一个充满学识的女性懂得从书本中增加自己的知识,增长见识。所以说,读书的女人是有魅力的女人,魅力是女人的护身符,它是比美丽更有价值的东西。女人的美丽会因岁月的漂洗而褪色,花开花落终有时,而女人的魅力却会因岁月的淘洗而放出耀眼的光芒,会因岁月的深藏而散发出醉人的醇香。

读书的女人是成熟的女人,追求物质上的简单生活,灵魂中却有繁杂的要求。这样的女人身上蕴藏着极大的能量,因为她知道什么可以放弃,什么必须坚守。只有成熟的女人,才会生成自己独具的内在气质和修养,才会有自信,才会有岁月遮盖不住的美丽。这是从内到外统一和谐之美丽,从知识中增长自己的见识,理性的思考给予她属于自己的头脑,女人的神韵里就有了坦然和自信。知识为她过滤尘俗的痛苦,使她有力量抵御物质的诱惑,并超越虚浮的满足而变得强大丰富。

不断的读书学习能使女性更富有魅力。女人生得国色天香、倾国倾城,确实令人赏心悦目,可是如果美丽的外表下没有足够的文化底蕴,人们往往会说她"金玉其外,败絮其中"。所以,女人应该不断地学习知识以增加自己的见识,这样才可以成为一个有永久魅力的女性。

一个有学识的女人是知书达理的女人,是智慧彰显的内在品质,是一种人格,一种文化,一种修养,一种品位,一种美好情趣的表现。知书达理的女人,生活在自己的信念中,善于处理内外事务。知书达理的女人,美丽大方、打扮得体,不时尚在前卫里,不时尚在叛逆里,更不时尚在夸张里。知书达理的女人,本色内敛自然,平淡从容,不张扬不做作,朴素中透出华丽,遇事聪明敏锐,待人善良亲切。知书达理的女人,气质典雅、清新脱俗、落落大方、温柔善良,有着天使般的心肠,一脸阳光地行走在烦嚣红尘中,步履从容,由内而外地散发出迷人的风情,让所有审视的眼光充满欣赏与爱慕。这样的女人总是能吸引大众的眼球,得到大家的好评,还让众人难以忘怀。

一个忠于事业、热爱家庭、善待朋友,有素养有气质的女人,总是让人过目不忘,回味无穷。这种气质需要岁月的浸润、学问的充实、修养的支撑,绝非一朝一夕能修炼得来的。一个优秀的女人,必是温文尔雅,善解人意的,她的底蕴来自丰富的学识,这样的女人就是一本书,即使一辈子也不一定能读懂她!她的神秘、她无须声张即给人带来震撼,她的沉稳、她的一举一动给人带来的踏实,如持久的淡淡清香,让你品味其中,不能自拔!"腹有诗书气自华",爱读书的女人从来都不丑,爱思考的女人美丽无比。她们以书做舟,云游四海,即便安坐家中,亦能走遍万水千山。她们知书达理,凭借一举一动、一言一语、一颦一笑之优势,尽显女性的至善至美。魅力女性懂得读书和不断学习,在享受知识乐趣的同时,她们的情感更加细腻,举止更加优雅,气质更加深沉,她们拥有一份源于知识、源于修养的魅力。才学的魅力虽然不如美丽那么富于张扬,但它却更深沉、动人、长久、令人神往。

2. 知性女人更优雅从容

现代女子,当以知性为美。知性女子心性如花,雅俗共赏;品性如木,兼修内外。这样的女子,好比静栖一处的花朵,于不经意间绽放,或如兰草,娴静儒雅,幽香四溢;或如玫瑰,热情娇艳,迷人多姿。

什么是知性女子?知性女子是成熟的、理性的、智慧的、大气的。事业上,她们通常都有很好的发展,但又不同于世俗意义的女强人,她们充满知性的柔和魅力,上得厅堂,也下得厨房;感情丰富,极具女人味,清楚自己需要什么;她们谈不上饱读诗书,但书一定是她们最好的伙伴、精神的食粮;生活中,她们有自己的主见和态度,为人处事,面面俱到;她们懂得在这世俗的世界为自己留一片纯净的天空,快乐得像个天使,哭泣时像个孩子;她们不同于小女孩似的单纯,也不同于小女人式的狭隘;她们温柔却又不失活泼,也会偶尔小资,乘兴而来,兴尽而归。尤其是那份仿佛置身事外的闲情逸致,在繁华与沧桑间更能撩人心弦。无须羞花闭月之容貌、语出惊人之博学,知性女子的美由内而外。

林徽因是一个令人羡慕的幸福女人。印度诗人泰戈尔曾为她写下这样的诗句:"蔚蓝的天空/俯瞰苍翠的森林,他们中间／吹过一阵喟叹的清风。"

她清新淡雅的面容,妩媚温婉的举手投足,顾盼生辉的回眸,不仅征服了男人,也征服了女人。

20世纪30年代林徽因在北京东城北总布胡同家中的"太太的客厅"里,结交了当时不少才华杰出的人才,不只是人文学科的学者,连许多自然科学家都对那里流连忘返。她收放自如,将女人特质随心所欲地发挥到极致。因为她身上既有人格的魅力,又有女性的吸引力,更有感知的影响力。看看她同时代的人对她的印象就可想而知。当时的《晨报》曾对林徽因有过这样的评价:"林女士态度音吐,并极佳妙。"而萧乾先生对她更是敬重仰慕至极。林徽因曾对萧乾先生说:"你是用心来写作的。"这对初次见面的萧乾先生来说留下了很深的印象,有一种寻到知音的感觉。

知性女人还懂得给男人空间。由于林徽因风姿绰约,许多人都向她投来爱慕的眼光。从学识上来说,林徽因对徐志摩很欣赏。徐志摩的精美诗句像春天里的一缕清风给她带来满怀的温柔。但是,林徽因虽然具有浪漫气质但也不乏理性。她内心明白,爱一个人,首先需要尊重一个人,宽容一个人,要给对方留有余地。她尊重徐志摩对人生道路和感情的选择,但是睿智的林徽因潜意识中已经意识到徐志摩身上并没有成熟男人所具备的那种沉稳庄重,相反,他追求的是浪漫,向往的是浪漫,这与现实有很大的距离。于是,林徽因选择了与自己有共同爱好的梁思成,这就是知性女人的明智。尊重别人、爱惜自己,既温柔又洒脱，使人感到轻松和愉悦。

后来，当梁思成问林徽因为什么没有选择徐志摩而选择他时，聪明的林徽因巧妙地回答道："我想我要用一生来回答这个问题。"这句话没有那么态度鲜明，可却是一个绝妙的回答。让事实来回答，不就是最好的回答吗？没有虚饰与矫情，而只是自然流露出她的清澈和深沉，她对梁思成满腔的柔情确实让人感动。这充分体现了林徽因作为知性女人的灵性与弹性的统一。灵性是心灵的理解力，天生慧智、善解人意，怎能不令人感到无穷的韵味与魅力呢？

知性女人不单是满身灵性，她的优雅举止所表现的女性魅力一样令人赏心悦目。

1931年11月9日，林徽因在协和小礼堂给外国使节讲解中国建筑艺术。她穿着珍珠白色毛衣、深咖啡色毛呢裙。她时尚的、得体的打扮，举手投足都优雅万分。她从容地站在讲台上，开始了她才华横溢的演讲："女士们，先生们！当你踏上一块陌生的国土时，建筑会以一个民族所特有的风格，讲述这个国家所特有的美的精神，它具有文化内涵，带着爱的情感，走进你的心灵。"精彩的开场白，优雅的风度立刻博得了一阵热烈的掌声。

为了参加林徽因对中国建筑艺术的演讲会，徐志摩不顾天气情况恶劣，毅然冒险登机，置性命于不顾。天才的诗人不幸空中遇难，林徽因的美丽将永久陪伴在徐志摩的感情世界中，他对林徽因的感情成为人们传诵的佳话。

知性女人是看重人间美好的友谊和感情的。听到徐志摩遇难的消息后,伤心过度的林徽因特意嘱咐梁思成赶去料理后事,并在自己的卧室里把梁思成拾回来的飞机残片悬挂了20多年。

如此感情细腻、丰富的知性女人怎能不人见人爱。当时,逻辑学教授金岳霖也对林徽因颇为爱恋。林徽因也陷于爱情的烦恼中,但当面拒绝太伤金岳霖的心,她征求了梁思成的意见后,便去找金岳霖,将梁思成的话对他说了一遍:"你是自由的。如果你挑选金岳霖,我祝你们永远幸福。"

金岳霖听后,认识到林徽因与梁思成之间的爱情是纯真的,便主动退出这场情感纠葛。

在林徽因去世后,金岳霖教授满怀深情地写下"一身诗意千寻瀑,万古人间四月天。"之后,又无私自愿地照顾林徽因的子女。可见林徽因在他心目中的地位。

有的女人,即使读了一辈子的书,经历了无数的事情,却始终参不透人生的一些道理,比如男人,比如爱情,比如梦想,所以常会在一个地方摔倒,容易迷失在命运的洪流当中。而知性的女子知道如何去经营自己的生活,即使是年复一年的柴米油盐,她们也知道怎么样将之变成乐趣,并且去享受。知性女子对爱情是一样的忠实,一样的充满了热情与幻想,但是她们不会依靠爱情,不会把爱情当作生命的唯一,更不会把全部的希望寄托在一个男人身上,那样太可悲。她们扮演自己的角色,独立而坚强。

知性的女子,偶尔哭泣或者大笑,但是她们的心境是平和的,这让她们在任何时候都处乱不惊,有着"坐看闲云"的气度和风范。现代化都市的女子,总是很容易被各种物质所诱惑,然后以一种小资的姿态来宣扬着自己的品位、自己的脱俗、自己的与众不同。但是当深夜来临的时候,又陷入孤独落寞而无法自拔,她们的虚荣让她们失去了平心静气的勇气和能力。知性女子却可以心平气和地行走于物质当中,享受着物质,她们不会让自己的精神贫穷,即使是寂寞的,她们也知道如何去享受。面对各种纷争与复杂,她们可以淡然一笑,她们那份坦然与纯真让无数人望尘莫及。

知性,让女人走得更加从容,也让女人更加美丽!

3. 气质是女人的经典名片

有一个知名的画家,非常想画一幅天使的画像,他希望这幅画能别具一格,有自己的特色。这个画像不是人们经常看到的那样,而是来源于自己的想象。

他非常渴望找到一个模特,这个人有天使的善良与修养,并有慈悲的气质以及亲和力,但一直找不到合适的人,直到他遇到了一个山村的姑娘。画家因这一幅画而名扬天下,那位模特也得到了不菲的报酬。

多年后,有人对画家说,你画了最美的天使,也应该画个最丑的魔鬼。画家认为说得很有道理,但到哪里找一个丑陋的人呢？他想到了监狱，终于在那发现了一个理想的人，然而让他意想不到的是，这个人居然是以前做天使模特的女人。

当女人知道自己将被画成魔鬼时，失声痛哭。女人疑惑地问："你以前画天使的模特就是我，想不到现在画魔鬼的居然还是我！"

画家不解地问："怎么会是这样呢？"

女人说："自从得到了那笔钱，我就离开了山村，到处游山玩水，后来还染上了毒瘾，把钱花完之后，为了满足遏制不住的欲望，就去骗人、做坏事，最后案发入狱。"

人性中有善的一面，也有恶的一面。如果女人不能用内涵武装自己，她就会流于庸俗，甚至将人性中恶的一面显现出来。如果女人不懂得充实自己，不懂得做个有内涵的气质女人，即便她曾经是个天使，也会演变成魔鬼。

气质是女人的经典名片，这是现代人的共识。相对美丽的容貌而言，气质则是厚重的、内涵的，气质是文化底蕴、素质修养的升华。现代的女性越来越讲究"内外兼修"，在气质的修炼上纷纷找准从"文化"入手的捷径。于是，女人的气质便演化为高贵、性感、情趣、妩媚抑或神秘，让人们在欣赏女人时怀着一种敬畏，一种仰慕。

气质是指人相对稳定的个性特征、风格以及气度。性格开朗、潇洒大方的人，往往表现出一种聪慧的气质；性格开朗、温文尔雅，多显露出高洁的气质；性格爽直、风格豪放的人，气质多表现为粗犷；性格温和、风度秀丽端庄，气质则表现为恬静……无论聪慧、高洁，还是粗犷、恬静，都能产生一定的美感。

美貌不等于气质，从美貌升华到气质要经过磨炼和洗礼，著名影星张曼玉已经完成了一个女人从美丽到气质的升华。

张曼玉刚刚出道的时候，几乎没有什么特色，她的相貌也算不上国色天香。后来张曼玉拍了很多片子，给别人的印象是一个好看的、有灿烂笑容的女人。

后来，经历过人生的风雨之后，张曼玉懂得了"明星只是一时，而演员才是永远的"。有了这种意识后，张曼玉懂得珍惜更多朴素的东西，从而变得更加豁达，更加深刻。她已经不再是刚刚进入娱乐圈时那个花瓶了，她完成了从美丽到魅力的升华，逐渐散发出一种让人难以抗拒的魅力。

正是这样从内而外的升华，使张曼玉成为炙手可热的明星。1991年的《阮玲玉》将她送上了事业的巅峰。在后来的《人在纽约》中，张曼玉不愠不火的表现令她迅速出线，成为耀眼的明星，也为她赢得了人生中的第一个奖项——第27届台湾金马奖"最佳女主角"奖。此后的她，在戏里戏外都成了有吸引力的女人。她那惟妙惟肖、出神入化的表演让她"浑身都是戏"，让人们忘了这是在演戏，仿佛就是发生在我们身边的故事。这正是张曼玉秀外慧中的气质带给人心灵的震动。

当她从镁光灯下走出之后,我们看到的那个真实的张曼玉,身上兼有东方的素净神韵与西方的明艳光彩,从无虚饰与矫情,自然流露出她清澈而深沉的内在气质。

2003年,随着张艺谋的大片《英雄》在全国热映,人们看到了一个在大漠风沙中明艳动人的张曼玉。人们不由感慨她风采依旧,年龄不但没有成为她演艺事业的障碍,反而赠给她的是征服越来越多观众的内涵与气质。

张曼玉的气质来源于内心自我的清醒、独立的认识,时光沉淀下来的苦涩与神韵让她完成了气质的升华。银幕下的张曼玉无论在任何场合都是恬静、微笑的,淡妆素服,不见一丝浓艳。她从不在传媒面前张扬,只是静静地微笑着。浅笑之中,女人的妩媚尽在不言中;举手投足间,巨星风采翩然而至。

这种气质的女人就是花丛中的一朵嫣红,最后终于变成最精粹的一滴金黄色的花蜜,让你在惊叹中慢慢地回味。

在现实生活中,有相当数量的女人只注意穿着打扮,并不怎么注意自己的气质是否给人以美感。诚然,美丽的容貌、时髦的服饰、精心的打扮,都能给人以美感,但是这种外表的美总是肤浅而短暂的,如同天上的流云,转瞬即逝。如果你是有心人,则会发现气质给人的美感是不受年纪、服饰和打扮局限的。

气质美是丰富的内心世界的外露。它包含了人们文化素质的提高、知识和经验的沉积以及品德和修养的凝练。品德则是锤炼气质的基石，为人诚恳、心地善良、胸襟开阔、内心安然是不可缺少的。

气质美看似无形，实为有形。它是通过一个人对待生活的态度、个性特征、言行举止等表现出来的。一个女子的举手投足、走路的步态、待人接物的风度皆属气质，朋友初交，互相打量，立即产生好的印象。这种好感除了来自言谈之外，就是来自作风举止了。热情而不轻浮，大方而不傲慢，就表露出一种高雅的气质。狂热浮躁或自命不凡，就是气质低劣的表现。

气质美还表现在性格上，这就涉及平素的修养。要忌怒、忌狂，能忍辱谦让，关怀体贴别人。忍让并非沉默，更不是逆来顺受，毫无主见。相反，开朗的性格往往透露出大气凛然的风度，更易表现出内心的情感。而富有情感的人，在气质上当然更添风采。

高雅的兴趣是气质美的又一种表现。例如，爱好文学并有一定的表达能力，欣赏音乐且有较好的乐感，喜欢美术而有基本的色调感等等。

气质美在于美的和谐与统一，在于对待事物的认真、执着、聪慧、敏锐，在于淡然之中透出明朗而又深沉悠远的韵味，在于她心中有一座储量丰富的智慧矿藏，并且随着时间的推移，不断更新和积淀更丰厚的内涵，岁月荏苒，亦能给人一种常新的美丽。

凡是品味出众、举止修养有水准的女人，其举手投足均卓尔不凡，给你耳目一新的感觉。那些走入气质门槛的女人，她们有了悟性，积聚了内涵，具有丰富感和空灵感，形成了风姿

绰约的气韵。

4. 有教养的女人芬芳四溢

对一个女人而言,什么才是最重要的?靓丽的外表、过硬的学历、无数的财富……靓丽的外表总能给你以美的享受,但这只是表面功夫,经不起时间的考验;丰厚的知识总会让人羡慕,但是谁给你买单却是个问题;无数的财富总能让女人买到普通人难以享受的高档品,但是一身名牌最多让人们承认你很阔绰,而不会觉得你尊贵。

不要以为脂粉涂饰的外表就能遮掩住一切性格中不好的东西。修养的高低,会给人以充分的感受:是温文尔雅,还是谦卑忍让;对人是不温不火,还是不卑不亢;是急不可耐,还是死皮赖脸……一个人若是没有修养,那将是很可怕的事,尤其对女人而言。因为女人一旦失去修养,就会变得不可理喻,而有修养的女人永远都是潇洒从容、举止得体、儒雅大方,不管是顾盼神飞,还是举手投足,都让人心生怜爱与敬佩。这样的女人,才是受众人欢迎的女人!那么教养指的是什么呢?

教养不是随心所欲,唯我独尊,而是善待他人,善待自己,认真地关注他人,真诚地倾听他人,真实地感受他人。尊重他人,就是尊重自己。真正的教养来源于一颗热爱自己、热爱他人的心灵。"己所不欲，勿施于人"，是对教养最好的诠释。

富有教养是道德美的表现，它会随着岁月的流逝、心灵的净化而日益显示出光华。有些女人看上去十分美丽，但言语粗俗、行为粗鲁，往往令男人望而却步；相反，那些相貌平常，但言谈举止富有修养的女人常常能赢得人们的心。

有这么一个故事：

一位美国中年主妇察觉到自己的丈夫经常在家里夸奖他的女助手，这让本来很自信的她也开始怀疑起自己的魅力来。心想自己已经是年老色衰，而丈夫的助手一定年轻貌美。于是她开始频繁地进出美容院，往返于各大商场之间，每天描眉画眼、梳妆打扮，最后听人介绍竟做了美容手术。

尽管这样，丈夫却对她的精心装扮视若无睹，仍旧每天大谈他的那位助手。终于妻子沉不住气了，试探着开始打听女助手的背景。或许是看出了妻子的心思，丈夫邀请妻子一同去探望那位助手。谁知一见之下，妻子竟大为吃惊。因为女助手既不年轻也不漂亮，是一位头发已经开始花白、身材发福的中年妇女。但妻子也感觉到她在言谈举止中透露出来的聪慧、自信、乐观和机智，周围的人无不受到她的感染，甚至这位妻子也抵抗不了她的魅力，十分急切地想和她交朋友。通过这件事，这位妻子明白，言谈举止赋予女人的魅力是任何华服和美容术都无可比拟的。

有教养的女人静若幽兰，芬芳四溢。时间的掸子可以扫去女人的红颜，却扫不去女人经过岁月的积淀而焕发出来的美丽。这份美丽就是女人经过岁月的洗礼而成就的修养与智慧，就像秋天里弥漫的果香一样。有教养的女人像潺潺溪水，浸润周围的人。有教养的女人充满自信的干练，充满情感的丰盈与独立，懂得在得到与失去之间找到平衡。修养与智慧让女人在不同的时刻呈现出不同的状态，一生散发着无穷的魅力。英国政治家柴斯特菲尔德说："一个人只要自身有教养，不管别人举止多么不适当，都不能伤害他一根毫毛。他自然就给人一种凛然不可侵犯的威严，会受到所有人的尊重。一个没有教养的人，容易让人生出鄙视的心理。"

既然教养对女人很重要，那么该如何提高女人的修养呢？一般而言，琴、棋、书、画是提高女人修养的最好方式。因为这四者中，无论哪种，其本身都蕴含着浓厚的文化底蕴。女人学琴，自然得平心静气，内外一心，才能体悟到那高山流水之音；学棋时，那质朴的黑白世界更是容不得三心二意，必须专心致志；而没有宽阔的胸怀与平淡的心境，如何领略王右军的线条流畅，张旭的豪情挥洒；没有恬淡的心，又如何理解齐白石的浅水虾戏？

不过，由于琴棋书画要求有一定的时间和精力，有时更要求一种良好的天赋，不入门者很难窥探其中之奥妙，故而对现代都市女性而言略有难度。

所以，女性朋友们应多注意一些生活中的小细节，从一点一滴做起，逐步提升自己的修养。

（1）不说粗话。

一直以来，我们都要求女士在说话的时候一定要文雅，不能说粗话。但是现代的一些新女性，在人格特质和行为上都喜欢效仿男性，而有的男性说话时常常讲一些粗话，这也成了她们模仿的对象。于是在女性中出现了牙尖嘴利的粗口一族。其实，一个妩媚的女士如果讲出粗话来，就像一条天鹅绒晚礼服被沾上油渍一样让人感觉不舒服。所以，身为女性，一定要讲究文明礼貌用语，一句粗话会让一个穿着端庄、容貌秀丽的女士形象顷刻之间大打折扣，让人忘记了她所有美好而只记住这句粗话。

（2）对别人递过来的名片要重视。

与人初次见面，对方递过来名片，你连看都不看一眼装入衣兜或随便一放，对方肯定内心不悦。正确的方法是，双手将名片接过，用不少于30秒的时间从头到尾看一遍，并客气地向对方道一声"谢谢"，这样对方内心肯定会有一种被人重视的感觉，也为接下来的沟通营造良好的氛围。

（3）倾听。

有教养的女士从来不会只顾自己滔滔不绝，适当地倾听，才更显女性魅力。倾听的时候，要保持良好的精神状态，不能心不在焉，更不能东张西望。谈话时，应善于运用自己的姿态、表情、插入语和感叹词，诸如微笑、点头等，都会使谈话更加融洽，同时应注意配合对方的语气表述自己的意见。

（4）尊重别人。

要尊重每个人。一个人无论从事什么样的工作,只要他有付出,为社会做贡献,那么他就理应受到我们的尊重。

(5) 不在公共场合大声说话。

公共场合人多,大声喧哗会引人侧目,这不是因为对方看你漂亮而夸奖你,而是因你打扰了大家而对你表示不满意甚至厌恶。所以,一个有教养的女士要顾及别人的存在,不大声喧哗是对别人的礼貌。

不管怎么说,教养不是一两天修炼成的,而是一种习惯的积累,一种涵养的综合。如果教养是花,智慧则是不可或缺的养分。智慧之于女人是博爱与宽容,是充满自信的风采,是情感的丰盈与独立,更是不计较得失的平衡心态。女人有了教养,那么所有的大门都会向她敞开。

5. 文明素养尽显女人魅力

文明素养是一个人道德品质、综合素质的基础因素,不礼貌不文明的行为,既不利于女性自身的发展,也将严重影响社会规范的形成。所以,要想成为一个在社会活动中受欢迎的女人,就要在举手投足间尽显文明素养。如果一个女人长相倾城、打扮入时,却举止粗俗、口吐脏话,她的个人形象就一定会跌到最低点,令人反感。

朋友餐馆开业，一来为了讨个喜气，二来为了吸引顾客，便邀请了一演出团进行表演。那天是我陪小侄子去少年宫上课，于是就带着他一同前去，凑凑热闹。

临时搭建的舞台上，四位身材修长、长相可人的美女让台下的观众们大饱眼福，同时也让身材略显胖的我羡慕不已。看着她们在台上扭动着纤纤细腰，我都有了减肥的冲动。可是中途的一场意外却让我打消了这个念头。

舞台不远处有一个小喷池，里面有许多的小金鱼，吃饱喝足的小侄子有些坐不住了，吵着要去看小金鱼，无奈我只能起身陪他前去。由于舞台上已换上了一组戏曲表演，对戏曲向来不感兴趣的我也把注意力转移到小侄子身上，陪着他一起看喷池里的小金鱼。

正在我们追逐着小金鱼灵活的身影时，旁边传来一声难听的咒骂声："你长没长眼睛啊，水都溅了我一身。"

我抬起头，只见刚才让我羡慕不已的一"美女"正恶狠狠地瞪着刚才不小心把小木棍扔进喷池里的小男孩。小男孩看起来5岁左右，一边说着对不起，一边伸手要帮"美女"擦身上溅的水。可是小孩的手伸到一半时，"美女"惊叫道："滚开，别用你的脏手碰我。"

看着"美女"厌恶的表情，我眼前的她变得异常丑陋。那只是一个孩子，她却说出了那样恶毒的话，原来漂亮的外表下竟然藏着一颗如此丑陋的心。那一刻我突然觉得自己减肥的理由竟然变得有些可笑。

一个女人不只需要良好的外貌打扮,更需要良好的修养。无论是在生活中还是在工作中,都请女性朋友们小心看护和保管好我们个人的格调和品位,要知道,在别人的眼里,我们的一言一行都代表着自己,请别让它们出卖了自己,让自己的品格在粗鲁的言行中荡然无存。

女人必须明白,你的衣着、言谈和举止会告诉别人你是什么样的人。即使别人以前对你并不了解,但通常在初次见面的几分钟内就会评价一个人的素质、背景和能力。所以你的眼神、你的说话方式、你的举止就是你最基本的信息,其他人正是通过这些信息知道你是什么样的人,或者判断你将来会成为什么样的人。具有文明素养的女人无论何时何地都会神采奕奕,而她的魅力气场也会让众人不断向她靠近。

6. 有内涵的女人是一道靓丽的风景

白居易曾说过,"动人心者先乎于情。"炽热真诚的情感能使"快者掀髯,愤者扼腕,悲者掩泣,羡者色飞"。

如今的社会,由于经济条件的改善,美女是越来越多了,所谓"十步之内,必有芳草"。走在大街上,你会发现美丽的女孩比比皆是：时尚前卫的、清新可人的、温柔善良的……每个女孩都有她动人的一面。但是，光从外表判定一个人的美丽与否未免太肤浅了。也许外貌的出众会给人一瞬间的冲击，但时间久了你就会发现一个人的内涵远比外表更重要。

姜培琳原本是一个学运动心理学的幼儿园老师，仅用了三年的时间就成为国际名模。在1999～2001年，她分别获得了1999年上海国际模特大赛亚军和2000年中国十大名模排名第一的荣誉。继2001年后，她再接再厉，荣获2002年中国国际时装周最佳职业模特冠军。

谈到自己的荣誉，她并没有否定机遇和美貌的作用，"但是，这并不是全部。在模特圈拥有美貌的人太多了，而且现在评价美的标准也不一样。我的成绩一半是因为我够认真。"

的确，一个有学识、有品位、有内涵、有修养、有气质的女性是一个精品女人，这样的女人即使不算漂亮，走到哪里都是一道靓丽的风景，也是最令人难以忘怀的风景，定会魅力四射，光芒万丈且永不失落。精品女人如书，应该是一本精装书，内容与形式俱佳，她丰富的内涵让人手不释卷，掩卷后仍荡气回肠，以至倾心珍藏，也会让想读懂她的人心甘情愿用一生去研读她。总的说来，有内涵的女人至少具有以下几个特点：

（1）有内涵的女人具有自强不息的进取精神。

中国女排的姑娘们为了给祖国争光，甘愿付出和奉献，她们自信、自强、不怕挫折和失败。她们把宝贵的自强精神和献身精神浓缩在竞技场上，印刻在长期的奋斗历程中，书写在一个个金光闪闪的奖杯上。因为训练的繁忙，或许她们疏于打扮，无暇顾及自己的外在"美丽"，虽然岁月的痕迹已悄悄爬上额头，但她们的智慧、自信、热情和激情却带不走，岁月带给她们的是内心的丰富、精致，带给我们的是力量和鼓舞。

（2）有内涵的女人具有健康的心灵、坚定的品格和意志。

郭晖曾经是一个普通的女孩，但在她11岁那年，因为医生误诊导致高位截瘫。以手臂为半径，郭晖的世界只有两平方米，她只能仰躺在床上，不能侧身，不能翻身，更不能坐起来，但她仍然坚信"天生我材必有用""前途是自己创造出来的"，她把生命的所有光亮全部聚集到了一个焦点上。精诚所至，金石为开，一扇扇沉重的大门在她面前打开了。小学未毕业的她依靠自学，最终成为北京大学百年历史上第一位残疾女博士。由于某些原因，郭晖外表不是一个很美的女人，但她对知识的执着与向往，却让她的内心充满了美丽与自豪，让许多人为她而感动。

（3）有内涵的女人具有奉献精神。

陈士芬是民办教师，是全国"希望工程"园丁奖获得者。她就像山上的青松一样扎根在贫瘠的山坳里，一干就是19年。19年，校长、老师、炊事员，都是她一个人；三个年级的七八门课程，都是她一个人；给学生做饭、烧开水、缝补衣服，都是她一个人；挨家挨户地做"普九"动员，让适龄孩子都入学，也都是她一个人。她把全部的身心都交给了山区的教育事业，却顾不上七旬的老母、年幼的儿子和病床上的丈夫。无论是从教的40多年，还是退休的10多年，她一直都心系教育，心系群众，心系学生。她资助过许多面临辍学的贫困孩子和生活困难的孤寡老人；自己掏钱先后为乡村小学购置了百余张桌椅等教学设施；自费办阅览室和文化活动中心，组织当地少年儿童开展健康的文体活动；她为村里建起一座公厕，还坚持每天清扫……她为社会做出了巨大的贡献！

因为贫困，陈士芬和丈夫没有漂亮的首饰和衣服；因为操劳，他们过早地衰老，但他们是美丽的！他们的美就在于他们对教育事业执着的追求，在于他们对家乡人民无私的奉献，在于他们用默默地劳动培育出了一代又一代合格的新人！他们这种无私的奉献，让无数人为之敬佩、叹服！

女人并不是有美丽的外貌才称得上美，只有面对人生激流中的暗礁与险滩，能够奋勇搏击，不懈努力；面对挫折和失败，能够坚强地站起来，用特有的毅力、勇气和智慧扬起自信的风帆；面对名利和诱惑，能够淡定和从容；面对信息社会的挑战，能够不断地学习、充实、提高，以博学多才丰富自己的内涵，以诚实劳动、不凡的业绩来证明自己存在的价值，那么她才可称得上是一个真正美丽的女人！

有内涵的女人如同一棵枝叶繁茂的梧桐，人们首先看到的部分就如它的枝叶一样感性抢眼，它把女人优雅多姿、丰富饱满的韵味展露无遗，而看不到的内在就如树的根一样交错纵横，支撑支脉，假如没有内涵，树叶无法繁茂。所以，女人只有拥有内涵美，才是真的美！

内涵是女人美丽不可缺少的养分，是充满自信的干练，是情感丰盈的独立，是在得到与失去之间心理的平衡。

内涵使女人在一生中都会散发出无穷的魅力。它是一生取之不尽的巨大财富。它是伴随你一生永远亮丽的风景线。

没有哪个女人不想成为有内涵的女人，而许多人又苦于找不到秘诀，或自认为缺乏应有的条件而信心不足。

内涵，真的难做到吗？其实，做有内涵的女人并不难，不需要很高的条件，秘诀是从身边的小事做起。没有过度的妆饰，也不流于简单随便，坚持独立与自信，热情与上进。由中国红变成亮眼蓝的靳羽西曾言：快乐就是成功。她说人在可以站着的时候，就一定要坚持站着，而且还要保持着漂亮的样子，这是对自己的尊重，也是对别人的尊重。女人始终要保持自己的优雅。

内涵是一种感觉，这种感觉更多的来源于丰富的内心，智慧、博爱，还有理性与感性的完美结合。

有内涵的女人是智慧的女人。智慧是女人永恒的魅力和性感，容颜无法与岁月抗争。女人可以不美丽，但不能没有内涵。唯有内涵能赋予美丽以灵魂，唯有内涵能使美丽常驻，唯有内涵能使美丽得到质的升华，唯有内涵可以让人一辈子都细细品味。

第三章 自信的女人更美丽，让淡定和优雅由内绽放

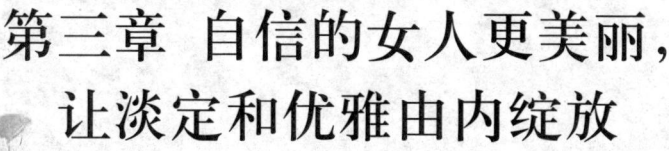

　　自信对于女人是很重要的一种品性，女人只要拥有了自信，便有了自己独立的思想和正确的人生观。这样的女人往往知道自己想要什么，能要什么；这样的女人或许外表并不美丽，但是她那种由内而外散发出来的淡定优雅气质，已在不知不觉间征服了大家。

1. 自信是女人最好的装饰品

"自信是女人最好的装饰品,一个没有信心,没有希望的女人,就算她长得不难看,也绝不会有那令人心动的吸引力。"这是著名小说家古龙所说的一句话。这句话很生动地说明了自信对女人的重要性。

不少女孩经常在恋爱的时候由于男友的不喜欢,就放弃自己的所想所为,选择服装要以男朋友的喜恶作为取舍的标准。但仔细想想,如果以取悦对方来作为维护双方感情的唯一力量,患得患失,也就失去了自信。失去自信,意味着失去让女人骄傲的本钱。女人的骄傲永远不是建立在外在的容貌之上,而是建立在散发女性光彩的自信上。

自信的女人,总是精神焕发、昂首挺胸、神采奕奕、信心十足地投入到生活和工作当中去。

自信的女人不惧怕失败,她们用积极的心态面对现实生活中的不幸和挫折;她们用微笑面对扑面而来的冷嘲热讽;她们用实际行动维护自己的尊严。这一切都淋漓尽致地表现出自信者的气质,一种坦诚、坚定而执着的向上精神。

当然,女人是否自信,关键在于她们用怎样的眼光看待自己。只有最自信的女人、最有勇气的女人才最有魅力可言。没有小女人自怨自怜的啜泣,更不同于女权者自舔创痛的愤慨。自信的女人永远珍惜自己,并努力让自己完美,每天进步一点点,不断自我充实,提升自我的知识和技能。自信来自好心情,来自乐观向上和积极进取。

在我们周围有许多的女性,她们或许没有花一样的年龄、迷人的外表,但是她们却拥有自信,她们每天开心地工作、开心地生活,给朋友最灿烂的笑容、最甜美的声音、最真诚的祝福,她们总是给人一种赏心悦目、如沐春风的感觉,她们凭着自己的心性去过自己想要的生活,这样的女人永远自信快乐。

有一个女孩喜欢上同院里的一个男孩,而男孩难以忘怀女孩小时的狼狈样,难以报以爱心,对女孩并没有什么感觉。

一天,两人同去看演唱会,男孩深为台上女歌星的美貌倾倒。女孩问:"你看什么看得如此入迷?"男孩答:"你看,那位歌星的发夹真漂亮!"后来,女孩在商场里看到了同样的发夹,她想买,但是它的价格不菲。女孩犹豫再三,想起男孩看女歌手时的痴迷样还是狠下心决定买一个,她想这样可以让男孩喜欢自己。但是她的钱没有带够,于是她先交了定金,下回补齐钱才取货。女孩后来又去了商场交钱,补齐了发夹的钱。她很神气地回家了,边走边想:我戴了美丽的发夹,该多好看啊!像那天演唱会上的歌星一样!男孩该喜欢我了……女孩越想越美,很高兴地回家了,一路上有很高的回头率。进了大院,见到男孩在与人聊天,抬头见了女孩,很惊讶的样子。看到男孩这个样子，女孩更得意了。后来，女孩发现自己头上的发夹没了，女孩很焦急，沿途找回去，一直找到商场里，原来是女孩忘了拿走发夹。

从这个事例可以看出：女人只要有自信就会美丽。自信的女人有一种不一样的吸引力，她可以更妩媚生动，更光彩照人，也会更坚强更有勇气去面对生活中所遭遇的艰难困苦。自信让女人相信自己可以去克服所有的困难，并不断地完善自己，努力使自己趋于完美。虽然我们知道人无完人，但是自信却能让我们向完美靠近，因为自信，让女人看到了自己本身的价值，看到了自己的魅力，看到了生活中美好的一面。

当然，可能很多女人最怕红颜老去。林黛玉葬花时有句名言"一朝春尽红颜老，花落人亡两不知"。它道尽了女人对红颜逝去的恐惧。女人不是永远青春美丽的雅典娜，时间的巨轮总会残酷地在那平滑的脸庞上碾出凌乱的皱纹，让原本紧绷有弹性的皮肤成了满湖涟漪。但是，自信的女人仍会拥有慑人的气质和难以抵挡的魅力。

自信使你拥有一种特有的气质，一种具有震慑力的向心引力。一个自信的女人必是一个美丽的女人，那是一种通过自身的文化素养和品格修养浑然而成的由内而外散发出的光彩，是一种强烈的吸引力。不管你的外表是否真的漂亮，只要你有自信，你就拥有了美丽；只要你有自信，你就拥有了人生的价值；只要你有自信，你就拥有了世界；只要你有自信，你就拥有了完美；只要你有自信，你就拥有了所有。

自信的女人总是能坦然地面对社会，面对生活赋予她的一切,甜也好苦也好,悲也好喜也好,痛也好乐也好,她们都有勇气去承受,即使遇到失败残缺的生活,她们也不会失去努力向前的动力。她们的自信,让她们即使做不到拥有最漂亮的外表,但却拥有最能折服人的内涵,那因自信而散发出的魅力足够迷倒一大片的人。

记得一位著名的女作家说过,"女人,无论何时,都应该像树一样站立。"是的,女人不应该是一根只能依靠他物才能生存的藤;女人应该是一棵站立的树,历经狂风暴雨却屹然挺立的树。只有这样的女人,才能享受生活的阳光,才能在风雨人生中吸取更多的养分,并让自己如花般鲜艳夺目。

自信是一种最坚强的内在力量,它能够帮助女人度过最艰难困苦的时期,直到曙光最终出现。信心从未令女人失望,它会使她发现自身的价值和潜能,取得成功。

有一个墨西哥女人和丈夫、孩子一起移民美国,当他们就快到达目的地的时候,她丈夫不辞而别,留下她和两个待哺的孩子。

22岁的她先是惆怅了一阵,但看看孩子,她又毅然选择了向前,她相信,只要自己肯努力,一定会摆脱困境。就这样,她带着孩子来到了加州,去了一家墨西哥餐馆里打工,虽然工钱不多,但她还是尽量节约,因为她还有一个梦,那就是开一家墨西哥小吃店,专卖墨西哥肉饼。

有一天,她拿着辛苦攒下来的钱跑到银行向经理申请贷款,她说:"我想买下一间房子,经营墨西哥小吃。如果你肯贷款给我,那么我的愿望就能够实现。"

一个陌生的外地女人，没有财产抵押，没有担保人，她自己也不知能否成功，幸运的是，银行家佩服她的胆识，决定冒险资助。

她25岁起经营自己的墨西哥肉饼，经过15年的努力，这间小吃店扩展成为全美最大的墨西哥食品连锁经营店。这个女人就是拉梦娜·巴努宜洛斯，她后来担任过美国财政部长。

这是一份自信带来的成功。自信使她白手起家寻求生路，自信使她有了胆量，自信也给她带来了机会和财富。任何人都会成功，只要你肯定自己、相信自己一定会成功，那么你就能如愿以偿。

古人曾说："哀莫大于心死，而身死次之。"没有自信的女人是很难成功的，就像没有脊梁骨的人无法站得挺直一样。但是，当你拥有了自信，你就会敢于挑战生活中的困难，敢于超越困境，走向成功的人生。

自信是一种非常宝贵的财富，如果你想做个美丽女人，那么，请昂起你自信的头吧，让自信的微笑时常挂在你的嘴角，相信无论何时何地，你都会成为最美丽动人的女人，成为生活的主角。

2. 自信的女人最美丽

　　自信心是女人对于自己能力和行为所表现出的情感。一个女人有了自信心就有了克服困难的精神动力。人生其实有很多需要自信的时候，在那些时刻，不同的选择就代表了不同的未来。所以，对女人来说，你更要敢于面对。要知道，这个社会有很多机会需要女人去抓住。

　　李文静是中国农业大学的一名普通女毕业生，家里也没有什么背景。如果只是看她的教育背景，你很难想到她能够成为外企的高级主管。她成功的原因很简单，那就是她敢于梦想，也相信自己的能力，并且她一直没有放弃。

　　因为所上的大学不是名牌，李文静的第一份工作并不算好。为了改变自己，她花去了大半个月的工资去学外语，开始了漫长的充电之旅。

　　她先后上过不少外语培训班，也上过一些著名的语言进修班，为此她花费了不少钱。不过，得到的回报是她的英语突飞猛进。能力提高了，她也更加自信了，对自己的未来充满了信心。

　　于是，李文静决定去外企应聘。凭借出色的外语，她顺利地进入了外企。

从此，她有了自己发展的平台，而且很快就被提拔为办公室的主管。

所谓"自信"，就是信任自己心灵的力量。因为有信心，潜藏在你意识中的精力、智能和勇气才会被调动起来，给人的感觉是蓬勃向上、富有朝气，而不是无精打采、神色黯然。在处理事情的时候，自信者挥洒自如、灵活应变，而不像自卑者那样优柔寡断、畏畏缩缩。自信的人常常带着温暖的微笑，传递着坦然的气息，没有任何抵御外界的意图，他们敞开着胸怀，准备迎接所有的人和所有的挑战，没有丝毫拒绝的姿态，因而一旦别人感受到这种氛围，就会乐于与之接近。

有些人不自信确实因为有某些客观的缺陷或者不足，也许是因为身材矮小，也许因为眼睛很小，或者因为说话口吃……总之，那些人总是能给自己找出一大堆确确实实存在的理由。但是自信是没有任何借口的！

一个女人，心里想什么，就要努力去做什么。征服畏惧，征服自卑，建立自信最快、最切实的方法，就是去做你害怕的事，直到你获得成功的经验。

自信心往往可以产生你想象不到的力量，它是一种我们看不见的力量。当一个女人拥有了自信，整个人就会焕发出不同一般的光彩。它会使你无所畏惧，会让你勇往直前。

自信，可以让一个相貌一般的女孩子变得明艳动人。当平凡的相貌因为自信而光彩焕发的时候，你不得不赞叹造物主的神奇。

自信的女人有一种不一样的吸引力，她可以让女人更妩媚生动,更光彩照人,也可以让女人更坚强、更有勇气去面对生活中所遭遇的艰难困苦,在挫折面前不低头,坦然地去面对,自信让她相信自己可以去克服所有的困难并不断地完善自己,努力使自己趋于完美。虽然我们知道人无完人,这世上没有真正完美的人,但是能自信地让自己向完美靠近,怎能说这不是一种美呢?因为这样的自信,让女人看到了自己本身的价值,看到了自己的魅力,看到了生活中美好的一面。

自信的女人是最美丽的,缺乏自信总是少了点什么。恋爱时,如果缺乏自信,总是患得患失、心事重重,那她的脸上将失去恋爱中人应该有的光泽。而自信时,即使她不是一个美丽的女孩,也会因为爱情的滋润让她整个人灵动起来,成为最美丽明朗的女子。做新娘的时候如果缺乏自信,少了对将来的自信,即使这一天打扮得很漂亮,也总是缺少了一点动人心弦的光彩。而自信的新娘,因为坚信自己是最美丽的新娘,坚信自己拥有了最好的另一半,坚信自己找到了所要的幸福,坚信从此会和他营造一个温馨的和谐的家,这样的坚信让她的脸上被亮丽的光泽所笼罩,成为最美丽动人的新娘。在成为母亲的时候如果缺乏自信,就会顾虑忧心,怕自己胜任不了母亲这个角色,那些焦虑让她失去了作为母亲的风采。而自信的女人在成为母亲时,认定自己将是个最称职的母亲,自信在她的哺育下宝宝会健康地成长,自信在自己的引导中会让宝宝成为一个有用的人。这么自信的母亲,她脸上焕发出的是最拨动人情感的美丽。

女人的自信是美丽的,它让你拥有一种特有的气质,一种具有震慑力的向心引力。不管你的外表是否真的漂亮,只要你有自信，你就拥有了美丽；只要你有自信，你就拥有了人生的价值；只要你有自信，你就拥有了世界；只要你有自信，你就拥有了完美；只要你有自信，你就拥有了所有……如果没有自信，就算外表很美，也失去了应有的动人心魄的一面，就此黯淡起来。

所以，自信对于女人是很重要的一种品性，如果你想做个美丽女人，那么，请扬起你自信的头颅吧，让自信的微笑时常挂在你的嘴角，相信无论何时何地，你都会成为最美丽动人的女子，成为生活的主角。

3. 心态决定女人的命运

我们必须面对这样一个事实：在这个世界上，成功卓越的女人少，失败平庸的女人多。成功卓越的女人活得充实、自在、潇洒；失败平庸的女人则过得空虚、艰难、忧郁。

积极的心态创造人生，消极的心态消耗人生。积极的心态是成功的起点，是生命的阳光和雨露，滋润着女人的生活；消极的心态是失败的源泉，是生命的慢性杀手，使人在不知不觉中丧失动力。所以，女人选择了积极的心态，就等于选择了成功的希望；选择消极的心态，就注定要走入失败的沼泽。女人要想成功，想把美梦变成现实，就必须懂得"心态决定命运"这一条人生哲理。

成功学大师戴尔·卡耐基说过,"人与人之间只有很小的差异,很小的差异却造成了巨大的差异。这很小的差异就是心态,巨大的差异就是不同心态产生的结果。"马斯洛这样说:"心若改变,你的态度就会跟着改变;态度改变,你的习惯就会跟着改变;习惯改变,你的性格就会跟着改变;性格改变,你的人生就会跟着改变。"有人说过,"当一个人的态度明确时,他的各种才能就会发挥最大的效用,因而产生良好的效果。"态度不同会使结果不同。一个学习态度端正的学生,学习成绩往往会名列前茅;一个态度明确的推销员,可以经常打破推销纪录;一个态度良好的人,他的人气指数会很高,生活会很幸福……拥有积极心态者常能心存光明远景。积极心态能让你健康长寿、获得财富、拥有幸福;而消极心态能让这些东西远离你。因此,对一个生活和事业都想取得成功的人来说,心态非常重要。如果你保持积极的心态,掌握了自己的思想,并引导它为你明确的生活目标服务,你就能享受到生活的优待。

王凡是一家公司的业务员,是一个能给人好感的忠厚之人,但她总给人一种索然无味的感觉,同事们讽刺她是"地狱最下层的人",指她是公司里业绩最少的业务员。公司领导虽然对王凡的人品没得说,但也只能考虑让她走人。

就在公司考虑要开除她时,王凡突然爆发了巨大的能量,开始积极地工作,营业额也逐渐上升,一年后成了公司的王牌业务员,又过了一年,她竟然成为国内销售冠军。

在业务员表彰大会上,王凡受到董事长的表扬。董事长给王凡领完奖以后,对王凡说:"我从来没有这样高兴地表扬过人。你是一个杰出的业务员。不过,你的营业额突然高速增长,这巨大的转变是怎么实现的呢?能不能跟大家分享一下你的成功秘诀呢?"

王凡并不擅长言辞,即使现在已经是战果丰富,她还是有点害羞地说:"董事长先生及各位女士、先生们,过去我曾经因为自己是个失败者而垂头丧气。有一天晚上,我看到一本书,上面写着'因为热爱,才能做得更好',我忽然好像领悟到了什么一样,找到了以前失败的原因——因为我不热爱自己的工作,所以缺少对工作的热情,但是我相信,我会改变的。第二天一大早,我就上街从头到脚买了一套全新的衣服,包括套装、内衣、袜子、皮鞋等,我需要全面地改变自己。回家以后我又痛痛快快地洗了个澡,头发洗干净了,同时也把脑子里消极的东西全都洗掉了。然后我穿上刚买的新衣服,带着以前从未有过的热情开始出去推销了。然后,我的营业额开始上升,越来越顺利。这就是我转变的过程,非常简单。"

王凡的转变,是因为她转变心态,学会爱上自己的工作,然后唤起了对工作的热情,同时也造就了后来的成功。热爱才会有热情,热情可以把一个人变成完全不同的人,这是一个多么神奇的转变啊!其实,许多员工在工作上之所以不太顺利,甚至失败,就是因为缺乏对工作的热爱。如果缺乏热爱,你永远不可能成为顶尖的人才。热爱你的工作，否则不如甩手不干。

如果说女人是漂亮的鲜花，那么积极乐观则是水，让女人更加鲜艳、滋润、舒展，使女人变得多姿多彩、富于生机，并拥有阳光般的心态、积极的生活态度和健康的心理。

我们要懂得利用乐观主义这一心灵的阳光，只有它才能为我们照亮光明的前途，只有乐观的心态才能吸引那些与成功体验相关的思想。

积极乐观的女人在面对生活的压力时，会保持乐观的心态。因为她们知道这是一根坚强的支柱，上帝不会因自己的长吁短叹、忧心忡忡产生怜悯。相反，保持乐观的心态、顽强的意志则会支持自己摆脱困境、渡过难关。

积极乐观的女人在面对事业的挫折时，她们的乐观心态就是一股强劲的力量。就算是自己烦恼到了极点，上司也不会因此而提携自己。相反，如果自己能够保持乐观的心态、百折不挠的毅力，终有一天会走出低谷，重新扬帆起航。

在面对病痛的折磨时，乐观的心态就是一剂良药。病魔不会因为自己的唉声叹气、惴惴不安而离开，相反，保持乐观的心态、无比的信心就会帮助自己战胜病魔，重拾健康。

积极乐观的女人面对情感的失落时，不会无所适从，而是抱着乐观的心态。她们明白：对方不会因为自己的自暴自弃而产生怜惜，与其这样，还不如保持乐观的心态、清醒的头脑来促使自己忘记悲伤。乐观的女人相信总会找到属于自己的幸福。

世界上没有一个人每一天的日子都是晴空万里，一个乐观聪明的女人懂得去寻找快乐，并放大快乐来驱散愁云；一个乐观的女人明白简单生活就是快乐，她会把复杂的事情简单处理，不会为自己和他人设置心灵障碍，不会让琐碎的小事杂陈心头，她会定期消除心里的垃圾。

为了在生活中培养乐观的心态，可以尝试下面的方式：

（1）与乐观主义者交朋友。最不足以交往的朋友，是那些悲观主义者和一些只会取笑他人的人。真正的朋友，应该是把"没有什么大不了的"挂在嘴上的人。

（2）当情绪低落时，就去访问孤儿院、养老院、医院，看看世界上除了自己的痛苦之外还有多少不幸。如果情绪仍不能平静，就积极地去和这些人接触；和孩子、老人、病人一起散步游戏，重建自己的信心。

（3）听听愉快、鼓舞人的音乐。在开车上学或上班途中听听电台的音乐或自己的音乐带。如果可能的话，和一位积极心态者共进早餐或午餐。晚上不要坐在电视机前，要把时间用来和你所爱的人聊聊天。

（4）改变你的习惯用语。不要说"我真累坏了"，而要说"忙了一天，现在心情真轻松"；不要说"他们怎么不想想办法"，而要说"我知道我将怎么办"；不要在单位抱怨不休，而要试着去赞扬某个同事；不要说"为什么这事偏偏找上我"，而要说"这是上帝在考验我"；不要说"这个世界乱七八糟"，而要说"我要先把自己家里弄好"。

（5）向龙虾学习。龙虾在某个成长的阶段里，会自行脱掉外面那层具有保护作用的硬壳，因而很容易受到敌人的伤害，这种情形将一直持续到它长出新的外壳为止。生活中的变化是很正常的,每一次发生变化总会遭遇到陌生及预料不到的意外事件,不要躲起来让自己变得更懦弱,相反,要敢于去应付危险的状况,对未曾经历过的事情要树立起信心来。

(6)从事有益的娱乐与教育活动。观看介绍自然美景、家庭健康以及文化活动的电视片。挑选电视节目及电影时,要根据它们的质量与价值,而不是商业吸引力。

(7)在幻想、思考以及谈话中表现出健康的状况。每天往积极的方面想,不要老是想着一些小毛病,如伤风、头痛、刀伤、擦伤、抽筋、扭伤以及一些小外伤等。如果你对这些小毛病太过注意了,它们将会成为你最好的朋友经常来"问候"你。一般脑中想些什么,我们的身体就会表现出来。

4. 不要做自卑的"丑小鸭"

丑小鸭因为与众不同而被认为形象"丑陋",因此在鸡鸭群中"处处挨啄,被排挤,被讪笑",而丑小鸭自己也因为自身的与众不同而感到非常的自卑。但当三只令它"不禁感到一种说不出的兴奋"的美丽的鸟正向它游来时,它也向它们游去——最后,它终于明白:它和它们是同类,也是一只天鹅,一只美丽的天鹅。

信心使"丑小鸭"变成了人见人爱的"白天鹅"。那么信心能否让女人也变成人见人爱的"白天鹅"呢?

贬低和蔑视自己都是不对的。女人必须明白，如果想让气场变得稳定而完整，就一定要用最好的东西来修补最脆弱的环节，不管是身体发肤还是心灵内涵。可是在现实生活中，许多女人的双眼却紧盯着自己的短处，总是拿自己的短处与别人的长处比，使自己变得更加自卑。

相信自己，一定要相信自己，只有这样，女人才会活得开心，活得顺利，女人的人生才会充满良好的情绪和充满自信的感觉。

是的，任何人都没有必要自卑，每个人都有自己的不足，也有自己的长处，重要的是女人要看得到自己的这些长处。

怀有自卑情绪的女人，往往遇事总是认为"我不行""这事我干不了""这个工作超过了我的能力范围"……没有试一试就给自己下了结论。而实际上，只要她专注努力，她是能干好这件事的。

认为别人都比自己强，自己处处不如人，这是一种病态心理的自卑。在实现成功的过程中，这种心理是非常有害的。

相信自己，一定要相信自己。

要有信心，要高高地抬起头，走路要脚下生风。

只有这样，你才会活得开心，活得顺利，你的人生才会充满良好的情绪和自信的感觉。

克服自卑，也是控制和调整情绪、提高气质的一种重要技巧。

传说从前在夏威夷有一对双胞胎王子，有一天国王想为儿子娶媳妇了，便问大王子喜欢怎样的女性。

大王子回答："我喜欢瘦的女孩子。"

而知道了这消息的岛上年轻女性想："如果顺利的话，或许能攀上枝头做凤凰。"于是大家争先恐后地开始减肥。

不知不觉，岛上几乎没有胖的女性了。不仅如此，因为女孩子一碰面就竞相比较谁更苗条，甚至出现了因为营养不良而得重病的情况。

但是，后来却出现了意外的情况。大王子因为生病一下子就过世了，因此仓促决定由弟弟来继承王位。

于是，国王又想为小王子娶媳妇，便问他同样的问题。"现在的女孩子都太瘦弱了，而我比较喜欢丰满的女性。"小王子说。

知道消息的岛上年轻女性开始竞相大吃特吃，不知不觉中，岛上几乎没有瘦的女性了。岛上的食物也被吃得所剩无几，为预防饥荒而储存的粮食也几乎被吃光了。而最后王子所选的新娘，却是一位不胖不瘦的女性。

王子的理由是："不胖不瘦的女性，更显得青春而健康。"

因为缺点和自卑而感到烦恼的女人请注意：审美观是因人而异的。同一位女性，也许甲先生会认为她是个美女，而乙先生却不认为她是美女。太看重别人的评价或因为自己的一点缺陷就自卑，没有必要而且会影响自己正常的生活。

认为别人都比自己强，自己处处不如人，这是一种病态心理的自卑。那么当女人出现自卑时，该如何克服呢？我们可以从以下几点入手：

（1）赞赏你的进步。

不要想着做到十全十美才赞赏自己，否则你将永远只能等待。在到达目标的路口时，留意每个值得肯定的步伐。就算进步对于你而言是微不足道的，也要记得恭贺自己。

（2）坦然接受挫折。

生活不是阶梯，并非每一步都是上升的。每个人都可能会犯错，会上下颠簸，潮起潮落。当你失败时，也总会收获一些经验，这就是代价。

（3）期待正面的结果。

你期待事情会与愿望符合，但事实并非那么美好。有时转换一下思维，只要有正面结果就给自己打满分，你将会一无所失且获得更多。

（4）使用幽默安慰自己。

生活中遇见挫折时，幽默感是你最佳的朋友。当你嘲笑自己的错误时，你的感知就改变了。你可以想，"这次只不过是运气在跟我玩捉迷藏罢了"。

我们应该认识自己的真正价值，即使经历了多次的失误和失败也应该相信，自己是为了从事适合自己的工作而降临到这个世界上来的。与其怀疑自己，对自己感到绝望，不如安慰自己、喜欢自己，同时善待每一个人。自信心一旦增强后，如果不发展成为自私自利或以自我为中心的话，那就能在尊重自己的同时也能尊重别人。这样，你也就由一只"丑小鸭"变成人见人爱的"白天鹅"了。

5. 自信女人能看到沙漠中的星星

有一种女人的魅力,是做作和装扮学不来的,这就是女人的自信。自信是女人身上最耀眼的色彩。

自信的女人有一种不同寻常的魅力。她可以让女人更加的妩媚动人,更加的光彩照人,也可以让女人更坚强,更有勇气,坦然地面对挫折。

曾读过一首诗,名字叫《不要贬低自己》,诗中是这样写的:

你说人生是一场戏,我没有异议;可是我不同意,自己总是别人的配角;生活的主人公,永远属于自己。或许,你又要同我争辩,我不言语,轻轻地,写两句诗送给你,主角也罢,配角也罢,谁没有快乐,谁没有哭泣;一个人啊,不要太看高了别人,也不要太贬低了自己。

然而,现实生活中却有许多女人总喜欢把自己贬得很低,虽然出发点有可能是为了自嘲或表示谦虚,但如果对方每次见面听到的都是你贬低自己的话,就会逐渐觉得和这种人见面真没什么意思;更有甚者,还会令人产生一种想法:这人可能是真的没用。这一点即是心理学所谓的"累积暗示效果"所发生的作用。

哲人说得好,你听到的一切并不完全正确,也不要因他人的议论而鄙视自己,否则就会陷入自卑的"心灵监狱"。

人的"心灵监狱"千奇百怪,五花八门,但有一点是相同的,那就是所有的"心灵监狱",都是自己给自己营造的。就拿自寻烦恼来说吧,有人老是责备自己的过失,有人总是唠叨自己坎坷的往事和不平的待遇,有人念念不忘生活和疾病带来的苦恼……时间一长,就不知不觉地把自己囚禁在"心狱"里。

美国心理学家弗洛姆在《爱的艺术》中说:她不一定漂亮,但一定有在众人中被你一眼认出的气质。她自给自足,放纵自己尽情地享受生命的乐趣,又清醒地保持灵魂的明净。她会为一瓣花而心醉,像一棵树感受清风,树叶摇曳着一声叹息,在简单中蕴藏着最深的宇宙。她看到了生命背后的黑暗,深知阳光与夜的交替,死亡如影随形,但永不绝望。她本能地拒绝贪婪,她的心像埋藏了千年的莲子,历尽沧海桑田,洞彻世事烟云,依然会鲜活地从沙土里开出花来。笑声和细语如冬日暖阳,化解心中坚硬的壁垒。

当今社会是一个竞争的社会,所以,女人要充满自信,要让自信为自己插上腾飞的翅膀,在天空中展翅翱翔。当然了,这里所说的自信不是自负,也不是刚愎自用,而是女性由于自己有专长或有丰厚的学识所表现出来的风度,在言谈和举手投足之间溢散出的美好且让人舒服的感觉。

自信的女人总是能坦然地面对社会,面对生活赋予她的一切。甜也好苦也好,悲也好喜也好,痛也好乐也好,都有勇气去承担，即使遇到失败或者残缺的生活，也不会失去努力的方向。

自信让女人更加美丽，它让你拥有一种气质，一种具有震慑的向心力。不管你的外表是否真的漂亮，只要你拥有自信，你就拥有了人生价值。

自信对于女人来说是一种很重要的品性。如果你想做一个美丽的女人，那么从此刻起，请试着挺起胸，收起下巴，目光直视前方，用最利落敏捷的脚步去追寻生命及未来。只要做到懂得欣赏自己，快乐与满足的喜乐就会源源不绝。

拿破仑·希尔曾讲过这样一个故事，对我们每个人都极有启发。

塞尔玛由于随丈夫从军，来到了沙漠地带。令她难以想象的是，在那里住的是铁皮房，与周围的印第安人、墨西哥人因语言不同而无法交流。最让她难以忍受的是当地的超高气温，在仙人掌的阴影下都高达华氏125度，而这时又赶上丈夫奉命远征，留下她孤身一人在环境恶劣的沙漠中生活。无奈中她提笔给父母写了一封长信，在信中描述了自己的处境。

信寄出去以后，她天天期盼着父母的回信。终于有一天信到了，可拆开一看，信中的内容使她大失所望。父母既没有安慰她几句，也没有叫她赶快回去。那封信里只有一张薄薄的信纸，上面是一个简短的故事。信是这样写的：

曾经有两个囚徒，他们被关在阴暗的监狱里，唯一可以让他们见到阳光的就是那扇铁窗。一个人每天看到的都是一成不变的泥土，而另一个却天天可以享受天上星星不停变化所形成的美妙景观。

看过信以后，塞尔玛起初非常失望，心里埋怨父母，怎么父母回的是这样的一封信？尽管这样，她还是非常喜欢读这封信，因为那毕竟是远在故乡的父母对女儿的一份关切。她反复阅读，认真思考，总感觉父母的信中有什么寓意。终于有一天，她悟出了父母写这封信的真正意义。原来父母是为她的人生上了一堂重要的课。

她终于发现了自己的问题所在：以前她的生活就像是第一个囚徒那样，只看到地上那一成不变的泥土，在恶劣的环境下她看不到原本存在的美好事物，她消极了，悲观了，原本拥有的自信也随着消极情绪流失了。所以，她是失败的，美丽不属于她。

于是，她开始试图改变自己目前的生活状态。

她鼓起勇气与语言不通的印第安人、墨西哥人交朋友。出乎意料的是与印第安人、墨西哥人交往并没有她想象的那么困难，她发现他们都十分好客、热情，慢慢地他们都成了她的朋友，而且还送给她许多珍贵的陶器和纺织品，这为她树立了良好的信心。

为了丰富自己的生活，她决定在当地恶劣的环境下寻找美好的事物，她开始研究沙漠的仙人掌，一边进行研究，一边做笔记。在研究的过程中，她被仙人掌的千姿百态吸引住了。

她欣赏沙漠的日落日出，她感受沙漠的海市蜃楼，她享受着新生活给她带来的一切。就这样,她的心情逐渐地好了起来,以前的愁容也消失得无影无踪。她发现生活中的一切都变了,变得使她每天都仿佛沐浴在春光之中,置身于欢声笑语间。

后来她回到美国,把自己的这一段真实经历写成了一本书,名字叫《快乐的城堡》,在当时引起了很大的轰动。

是什么使这位女士内心有这么大的转变?

沙漠没有改变,印第安人也没有改变,但是这位女士的念头改变了,心态改变了。念头之差使她把原先认为恶劣的情况变为一生中最有意义的冒险。她为发现新世界而兴奋不已,并为此写了一本书,以《快乐的城堡》为书名出版了。她从自己造的牢房里看出去,终于看到了星星。

生活中,失败平庸的女人多数心态非常消极。遇到困难,她们就说,"我不行了,我还是退缩吧。"结果陷入失败的深渊。成功的女人遇到困难,仍然是积极的心态,用"我要!我能!""一定有办法"等积极的意念鼓励自己,于是便能想尽办法,不断前进,直至成功。

6. 做一个自强不息的女人

世界大多如此，许多身处黑暗的人，磕磕绊绊，最终走向了成功；而另外一些人往往被眼前的光明迷失了前进的方向，终生与成功无缘。

很多年前，在密苏里的一所大学里，有个女孩经常在晚上偷偷地哭，因为她太孤独了。但是后来呢，兴奋的人群总是涌向她出现的任何地方。世界上每一个角落，都有数不清的人熟悉她的面容和名字。那时候，这个女孩，不得不在斯蒂芬女子学校的食堂里做侍者，以此维持生计。遇到手头紧的时候，她还常常向那位守门的妇女借五六毛钱作为零用。她不敢去参加任何晚会，虽然她也接到过请柬，因为她除了同学们送给她的旧衣服，就没有什么衣服可穿了。可后来，她的衣着是那么时尚和漂亮，世界各地的女人们都热切地效仿着，服装商们经常请求她在公共场所穿上他们新设计的时装，因为这样立刻就能使他们的服装畅销。

这位曾经郁郁寡欢、穷得连一件新衣服也买不起的女士是谁呢?她就是露西尔·莱休,你从来没有听说过吧?这是她的真名,实际上她就是妇孺皆知的好莱坞明星琼·克劳馥。

她对贫困的体会是那样深,她体会过沦落异乡、孤苦无助的滋味,也体会过身无分文时挨饿的痛苦,她知道从贫困中挣扎出来要承受什么样的艰辛。她小时候生活在俄克拉荷马州的劳顿,她在和男孩子们玩弹子之类的游戏中度过了童年的大部分时光。她和小伙伴们用一些破旧的箱子在马棚里搭了一个舞台,还点了一盏灯来模仿舞台上的水银灯,当琼·克劳馥的观众还只是一些马、鸽子和燕子的时候,她那惊人的演艺事业就已经开始了。

在她八岁那年,随母亲迁居到了堪萨斯城,母亲让她在堪萨斯城的修道院里干活。从此,她再也不能和男孩子一起玩了,当然,马棚里的演艺生涯也同时结束了。为了维持生计,她每天要打扫14间屋子,给25个孩子做菜、洗盘子,此外,她还要为她们脱衣服、伺候她们上床睡觉。她穿的是蓝底白花的粗布衣服,睡的是硬邦邦的铁床。

6年后,她决心去接受更多的教育,于是就到密苏里州的斯蒂芬女子学校报了名,但是她手中一分钱也没有。她穿的是别人不要的旧衣服,她在学校餐厅做侍者是为了免掉食宿费用。那些从前冷落过她,看不起她的同学,现在会说:"噢,琼·克劳馥啊,我和她很熟,我们以前还是好朋友呢,我们俩经常一块儿去上学。"斯蒂芬女子学校也为她感到骄傲。现在,她的一张巨幅照片傲然挂在餐厅的墙上,照片下面写着:"琼·克劳馥曾在这里工作过。"

当时,她最大的愿望就是当一个舞女。所以,当一个露天剧团愿意给她一星期20美元的报酬让她去跳舞时,她毫不犹豫地接受了。她觉得自己的双脚已经迈到了天堂的门口。然而,两个星期后,这个剧团就倒闭了,连给她发薪水的钱都没有了。她被困在了异乡。

这样的挫折怎能摧毁她走上舞台的决心。她向人借了点路费,回到了堪萨斯城。她不辞劳苦地工作、攒钱。有一天,她决定坐火车去芝加哥。买了车票后,她身上只剩下两块钱了,她不敢花掉它,那一天连饭也没舍得吃。她在一家小酒馆里找到了一份跳舞的工作,后来又到纽约当过歌女。一位替米高梅公司物色演员的人偶然看到了她的舞姿,他觉得这个女孩不仅容貌秀美,而且浑身上下散发着青春的韵味,于是就建议她去电影公司试试镜头。

当时她正热切希望有一天能成为百老汇的巴甫洛娃,(俄国著名的芭蕾舞演员)。最后,经过反复考虑,她才勉强同意去尝试一下拍电影。结果竟顺利地在好莱坞站住了脚,并签订了一份每星期75美元的演出合同。但是,电影公司对她的名字不大满意,露西尔·莱休,这本来是一个很有寓意的名字,但是对一个电影演员来说并不理想,这样的名字不容易引起人们的关注。于是，公司在一家电影杂志上为她登了一个征名启事，成千上万的名字寄来了，最后，露西尔·莱休成了琼·克劳馥。

那时候，她离明星还非常遥远，她只能演演配角或当临时演员。她当过希勒的替身，她在晚上练习查尔斯顿舞，并参加了舞蹈比赛，获得了一大堆奖杯。当时的琼·克劳馥和现在大不一样，她是一个胖女孩，一头卷曲的头发掩盖着她的羞涩。后来有一天，她终于明白，要想在好莱坞站稳脚跟，就必须有突破。就在那天晚上，她成了另外一个人，从那以后，她再也不在晚上出去跳舞了。

她开始安下心来，研究法文、英文和练习唱歌，并且开始减肥。有三年的时间，她经常让自己挨饿。即使是现在，她还是除了喝些橘子汁加白开水外，基本上不吃早餐。她有时一整天就喝一点酸牛奶，此外什么都不吃。她非常敬业。有一次，她在一部影片中跳一种土风舞，不小心扭伤了踝关节，为了不让导演取消她的角色，她让医生包扎了一下，然后坚持演下去。就这样，她的报酬慢慢地多了起来。

对于自己的经历，连琼·克劳馥自己都感到很惊奇，她出身贫寒，但现在她不仅可以买下任何金钱能够买到的东西，而且无论她走到哪里，都有成群结队的崇拜者追随着她。她以前并不美丽，可后来她成了银幕上最美丽的明星之一。

自强、自立是心灵最有力的支点。当信心结合于思想时，潜意识将之转化为精神上的对等力量，并且如同宣誓一般，融入浩瀚无尽的大智慧中。

第四章 除却心霾，活出一份淡然的心境

女人是否快乐，决定于自己的心情，也就是说，播下一种心情，收获一种命运。一个女人没有权力选择与生俱来的外貌，但她完全可以选择心灵的幸福和快乐，做自己喜欢做的事，这是任何人都不能左右的。

1. 快乐的女人是最美的

快乐是幸福生活海洋里激起的美丽浪花；快乐是人生乐曲中振奋人心的音符；快乐，是一种积极向上的人生态度。快乐的女人不用靠华丽的包装去引人注目，她们周身散发出的自然的快乐气息就是最诱人的味道，让人流连忘返。

快乐是精神的潇洒、个性的超脱、心灵的升华。快乐的女人是最美的！

一个城市女孩，穿了一条白底碎花的新裙子，高兴地跑去给人看。不慎，新裙子染了一滴墨水，尽管它很小很小，但裙子是女孩的心爱之物，那滴墨水使她心里疙疙瘩瘩的。因为那女孩老想着裙子上那滴墨水，便郁郁寡欢。渐渐地，那滴墨水抵消了她对裙子的爱。之后，裙子就被束之高阁了。

学校放暑假，女孩跟父亲的工作组到乡村扶贫，还把她那条染墨的裙子也带了去。后来，女孩把那条白底碎花的裙子送给了一个乡村女孩，这个乡村女孩见是条裙子，高兴得手舞足蹈，她可是头一回穿裙子呢！尽管她穿着不合体，但在那乡村女孩眼里，世上再没有比裙子更美的服饰了。她快乐得连裙子的式样和大小都不计较,难道她还注意那滴墨水吗?那乡村女孩穿上裙子后快乐至极。

快乐就是如此简单,在痛苦中找寻快乐。珍惜你现在所拥有的一切,因为他们都会给你带来快乐。同是一条裙子,在那个城市女孩眼里,她看到的是裙子上的那滴不起眼的墨水;在那乡村女孩眼里,她却看到了喜之不尽的美。一个人快乐与否,完全取决于他看待事物的角度和衡量事物的标准,看他自己的目光所采撷的是美还是丑。

环顾身边的女人,漂亮的不少,能干的不少,坚强的不少,但她们中又有多少人生活得快乐呢?不是对生活不满,就是在追求许多东西的过程中丧失了最纯真的快乐。生活给了女人太多的责任、太多的负担以及太多的约束。很多女人常常习惯把自己的心囚禁在一个狭小的天地里,于是琐碎、烦恼、苦闷、忧郁随之而来。一个愁容满面的女人在任何时候都不会美丽动人的。

快乐的女人是可爱而美丽的,快乐的女人是温柔而善良的,快乐的女人是妩媚而优雅的,快乐的女人更是幸福的。快乐的女人也许不是出色的女人,但她却是掌握人生要义的女人。假如一个漂亮的女人不快乐,那么她的漂亮和能干又有什么意义?

许多女人在内心深处也都渴望能拥有快乐,但这种快乐往往被她们所承担的社会角色所掩盖。不说工作的压力、岗位的竞争和职位的高低,仅是家里的事,就够女人忙活了。一个女人要扮演多重角色,妻子、母亲、女儿,家里的一日三餐要张罗，丈夫的西装领带要操心，孩子的作业要检查，每天就像一个陀螺一样忙得团团转，可是临到睡觉的时候还觉得有一大堆事没有做完。

然而，只要你留心，就会发现在这平淡的生活里也处处充满着甜蜜和温馨，你仍然能感受到快乐，比如在你累的时候细心体贴的丈夫为你送上一杯热茶；下了班推开家门，活泼可爱的孩子喊着妈妈扑到你的怀抱。在你的努力和付出得到老板认可的时候、在你遇到困难得到陌生人热心帮助的时候……快乐源于生活，聪明的女人要善于从生活中寻找快乐。

其实，快乐很简单，快乐的方法任何人都可以使用。第一步，若遇到困难，不要惊慌失措，冷静地分析整个情况，找出万一失败时可能发生的最坏情况是什么——难道你会因此而失去生命吗？若不会，那还有什么好怕的？第二步，找出可能发生的最坏情况后，就要在心理上做好接受它的准备。第三步，想方设法改善那种最坏的情况，集中精力解决问题，使情况向好的方面转化，只要你尽力了，你就可以心平气和地玩游戏、唱歌、交新朋友，这些可以使你充满欢乐，几乎忘却烦恼和病痛。即使是一秒钟以前发生的事情，我们也没有办法再回过头去纠正它，只能改变一些一秒钟以前发生的事情的影响。唯一可以使过去变成有用的方法，就是平心静气地分析过去的错误，从错误中吸取教训，然后再把错误带来的负担忘掉。

每个女人都会有不顺利的时候，试着在最不开心和失败时对自己说："这是最糟糕的了，不会再有比这更倒霉的事发生了。"既然"最糟糕的事"都已经发生了，还有什么可怕的呢？既然已经到了最低谷，那么以后就该顺利了。

寻找快乐，就不可专注于负面的情绪，不要总是提醒自己"这事上次没做好，这次千万不要再出差错""这段路总是出交通事故"等等，否则只会更紧张。懂得快乐的人就会避免用失败的教训来提醒自己，而常用一些积极的暗示，比如"这事我最拿手，一定会做好""经过这段路时应该减慢速度"等等，这种积极的暗示，比起向自己强调负面结果要好得多。

寻找快乐，就别给自己贴上失败的标签，不要总是对自己说"我不行""我做不了""大家都不喜欢我"等等。其实，真正能够击倒你的人恰恰只有你自己，你应该多给自己一些激励与信心，相信自己并不比别人做得差，相信成功一定会属于快乐的人，你就一定会做一个成功的快乐的女人了！

懂得调节自己的情绪，笑对人生，满怀希望地寻找快乐的踪迹，这样的女人，快乐才能围绕她跳起优雅的舞步。

一个快乐的女人知道怎样热爱生活，知道怎样让生命更有意义地度过。快乐的女人生活得有情趣，虽然平凡却有滋有味。快乐的女人拥有一颗爱心，无爱的女人是不会真正快乐起来的。快乐的女人就像一缕春风，给别人带来轻松愉悦。快乐的女人身上有一种无形的光芒，吸引着你走向她。

总之，要做一个快乐女人并不难，因为快乐不需要任何庸俗的东西来做载体，只要你是个有心人。快乐的女人也许钱不多，没有闲暇、闲情，但她会用心智来创造愉悦和激情。

2. 用智慧化解烦恼

人生烦恼无数，优雅的女人绝不郁郁寡欢，也不歇斯底里，她们懂得用智慧化解，用乐观战胜，始终保持优雅的姿态，完美演绎自己的人生。自从潘多拉的魔匣打开以后，人类的烦恼、痛苦、疾病等等全都一股脑儿地降临了。当朋友遇到烦心事向我们倾诉的时候，我们总会挖空心思，想出各种各样的办法去安慰他。我们会说没有什么大不了的，明天一切都会好起来。而我们自己在被烦恼羁绊的时候呢？还能不能保持平静，岿然不动，坐着微笑地喝完一杯茶呢？

优雅的女人，会用智慧处理生活带来的各种烦恼，如果你想做一个优雅的女人，那么不妨这样做：

（1）先找到烦恼的症结。

烦恼像是晚宴上的不速之客，而我们总会和它碰面。面对突然而至的烦恼，优雅的女人应该怎么做呢？

法国流传这样一个故事：亚历山大有一匹烈马，所有的骑手都被它摔下来。有一位聪明人走过来，在马鞍下找出一根别针，正是这根别针使得马如此暴躁，他就这样驯服了这匹马。许多事情的道理都是一样的，重要的是我们能找到那根别针。

其实,要战胜烦恼,首先要做的就是弄明白是什么纠缠着我们,找出问题的症结我们才可以"对症下药",找到一种合适的方式去对付它。

(2)把烦恼"寄出去"。

每个人都有一套对付烦恼的办法,大多数情况下我们会刺激或放纵一下自己,比如酒精疗法、电话疗法、购物疗法。有的女人不开心的时候,总是狂吃大喝一通,结果烦恼依旧,越来越走样的身材却令她更加烦恼。而优雅的女人,则会选择将烦恼"寄出去",可以有两种方法:一是将烦恼写下来,通过写的过程来发泄,既获得了心理平衡,又不会伤害别人,同时又保持了自己的风度,这是优雅女人处理烦恼时最常用的方式。

美国前总统林肯的一位朋友义愤填膺地向他诉说另一位朋友的无理行为。林肯听后马上愤愤不平地对这位朋友说:"你马上写信去痛斥那个可恶的家伙,然后与他断交。"于是这位朋友立即写信,把"那个可恶的家伙"淋漓尽致地痛骂了一顿。可是当他把这封信请林肯一阅的时候,林肯却把它撕得粉碎,并笑着对这位朋友说:"我写过许多这样的信,可从来没有理由去伤害别人。"此时这位朋友满腔怒火已基本从信上发泄出去了,再一听林肯言之成理的劝告,心情便完全舒畅了。

当然,写日记也是将自己的烦恼寄出去的妙方之一,与林肯"永不寄出的信"有异曲同工之妙。

二是通过与人交流来抵御烦恼。道理很简单，假如我们各有一个苹果，那么交换之后我们每人手里仍然只有一个苹果，可是如果我们交流的是方法，那么我们会得到两种以上的方法。

和朋友聊聊天，晒晒太阳，吹吹风，与人一起分担烦恼，让爱成为迷途中的一盏灯，你的心境会豁然开朗，从而获得自信。在交流中我们可以真真切切地感受到对方的爱，进而平静下来，较为客观地审视自己的情绪，从而坦然地接受现实。

（3）巧妙"转化"烦恼。

法国作家阿兰在论述把快乐的智慧用于和烦恼做斗争时说：烦恼是我们患的一种精神上的近视症，应该向远处看，保持积极乐观的心态，这样我们的脚步就会更加坚定，内心也就更加泰然。比如下雨了，我们就说"下雨了"，不要说"该死的天，又下雨了"，因为这样说并不能改变下雨的事实。当然，就算我们说"太好了，又下雨了"也不能对下雨这件事产生任何改变，可是如果我们把这种话说给别人听，情况就大不一样了！我们说"您瞧，太好了，又下雨了！"就会把快乐传递给别人。

有一天，一个男孩拖着比自己身体还高的大提琴在走廊里迈着轻快的步伐，心情好极了。一位长者问道："孩子，你这么高兴，是不是刚拉完大提琴？"他的脚步并没有停下："不，我正要去拉。"

这个孩子懂得一个许多大人不懂的道理：音乐是一件快乐的事情，而不是我们不得不做的、必须忍受的工作。

其实在生活中，能让我们自己高兴起来的事情很多，在于我们如何去寻找、去观察。聪明的女人总是可以找到很多理由来让自己高兴：爸爸妈妈的健康、孩子很乖、有热爱的工作、有要好的朋友……当遇到烦恼时，我们想想这些，告诉自己："没关系，下次不会这样了，我会做得更好。"还有什么糟糕的事情是不能过去的呢？或者把注意力转到别的方面，比如多听一些音乐，让自己身心放松下来，便可以很快忘记烦恼，依然优雅地微笑。

3. 女人应控制好自己的情绪

下面这些情况你遇到过吗？

一位妈妈说："我的孩子不听话，让我很生气！"

一位职员说："我的上司不赏识我，所以我情绪低落。"

一位女士说："我活得很不快乐，因为我的老公总不同意我的观点。"

一位顾客从商店走出来说："那位老板服务态度恶劣，把我气坏了！"

一位乘客说："我的心情糟糕透了，因为今天堵车整整堵了一个多小时，害得我上班迟到工资被扣。"

这些情景天天都在我们眼前上演，而这些人都做了相同的决定，就是让别人的态度来控制自己的心情，却不想着去改变他们的态度。

其实，当我们容许别人的态度掌控我们时，我们便觉得自己是受害者，对现况无能为力，抱怨与愤怒成为我们唯一的选择。但反过来，如果我们依靠自己的力量去改变他们的态度，相应地就会使我们快乐。

因此，女人应控制好自己的情绪，做情绪的主人。无论生活多么糟糕，都要保持积极的心态。人生中有晴天丽日，也有阴雨霏霏，有了积极心态就可以超越恐惧、自卑、胆怯、气馁；有了积极心态就不怕失败；有了积极心态就有了健康的精神与信念，就有了永远保持气场的资本。

人的情感具有相通性和感染性，一个人的情绪状态很容易影响到周围人。比如，某公司董事长为了追一客户而在公路上超速驾驶，结果被警察开了罚单，最后还是误了时间。这位董事长愤怒之余回到办公室后，为了转移愤慨，便将销售经理叫到办公室训斥了一番。销售经理挨训之后，气急败坏地走出董事长办公室，将秘书叫到自己的办公室并对她挑剔一番。秘书无缘无故被人挑剔，自然是一肚子气，她就故意找接线员的茬。接线员垂头丧气地回到家，对着自己的儿子大发雷霆。儿子莫名其妙地被训斥后，也很恼火，便狠狠地踢了猫一脚……

可以说，生活中的许多外在因素总会影响到女人的情绪，若不能及时地调整和管理这些消极因素带给自己的负面情绪，就会产生如上文中的恶性循环，不仅于事无补，反而易激发更多的矛盾。

因此，当遇到不如意的事情时，女人要学会积极调整和管理自己的情绪，不要让自己的不良情绪影响到身边的人。那么，具体该如何做呢？

（1）体察自己的情绪。

女人应该学着体察自己的情绪，时时问自己："我现在的情绪是什么？"例如，当你因为朋友约会迟到而对他冷言冷语时，你要问问自己"我为什么这么做""我现在有什么感觉"，这样，你就可以对自己的情绪做更好的处理。

（2）适当表达自己的情绪。

表达自己的情绪是一门艺术，需要用心体会、揣摩。例如，当与你相约的朋友迟到时，你可以责问对方"约会迟到，你怎么不考虑我的感受"，也可以试着把"你迟到了，我很担心"的感觉传达给他。结果便是前者可能会引起对方的负面情绪，一次愉快的约会也会因此而成为泡影；后者则会让对方感受到你对他的关心，你们的约会不仅不会因为迟到这个小插曲而受到影响，友谊还会更加深厚。

（3）学会自我表露。

自我表露是社会心理学的概念之一，意思是让人用语言把自己的情绪表达出来，使生理反应与大脑思维之间达成共识，从而使情绪平静下来，高效率地做事。

女人在自我表露时应注意以下三点：

第一，表达要清晰。

最开始，女人会发现与"愤怒"相比，像"不安"一类的词更易说出口，在表达时，女人往往降低了自己感受的程度。这是因为女人担心自己的表达会让别人失望或者感到内疚，所以她们很难更明确、更有效地表达自己的情绪，这样反而会引起不必要的误会。因此，女人能清晰地表达自己的情绪是很重要的。

第二，表达要诚实。

当女人怒火中烧时，却说自己只是"有点不安"，或者感觉愤怒的时候只是说受了点伤害，这样做是毫无用处的。女人说一些别人想要听或者自己觉得可能会避免别人生气的言语，同样没有意义。如实地表达出自己当时切实的情绪体验，这对交流是很有帮助的。

第三，表达要坦白。

自我表露的目的只是说出女人所感知到的东西带给自己的感受。不带责备意味地表达自己的情绪，能让对方更清楚地听到你所说的话，彼此交流的可能性由此可以大大增加。

（4）善用改变。

女人要学会改变事情的定义，一件事发生的时候往往有两面，就看你是选择机会还是选择问题；要学会改变眼前的画面，多记录一些愉快的画面，对不愉快的画面要立刻进行调整；要学会改变自己对自己的评价，不要被别人的言语左右，也不能非要和别人顶着干，而是应该正确评价自己的优缺点；要向榜样学习，以人为鉴的前提是你要明确自己是怎样的人，自己的生活目标是什么，如果自己和榜样的实际情况相去甚远，那么就要调整。

（5）以适当的方式疏解情绪。

疏解情绪的方法很多，有的女人会痛哭一场，有的女人会找好友诉苦一番，有的女人会逛街、听音乐、散步。女人要知道,疏解情绪的目的在于给自己一个理清想法的机会,让自己好过一点,也让自己更有能量去面对未来。

女人有了不舒服的感觉,要勇敢地面对,仔细想想"我为什么这么难过、生气""我应该怎么做,将来才不会再重蹈覆辙""怎么做可以降低我的不愉快""这么做会不会带来更大的伤害"。从这几个角度出发选择适合自己且能有效疏解情绪的方式,女人就能够控制自己的情绪。

总之,女人应该学会管理自己的情绪,让自己更有吸引力,从而成为别人愿意靠近、愿意结交的人。

4. 把忧郁关在"心门"之外

30岁以后,众多的女人开始迷惑,不知道自己是谁。她们常常用丈夫、孩子或同事的行为证明自己不被需要,自己无用又不引人注目。而且,她觉得精疲力竭,不断地在走下坡路。对于遮掩不了的岁月痕迹,尤其深感气愤。

她们在青少年时所挣扎的就是建立自我,反复思考自己将成为怎样的人。到了中年,她会问:我已经变成怎样的人?我喜欢现在的我吗?

忧郁,通常伴随深沉的失落感。许多女人到了中年,觉得自己丧失了青春、美貌、魅力以及获得成就的良机,简而言之,她一生中的黄金时期已离她而去。有些人,因离婚或配偶病故，没有了丈夫；已婚有孩子的女人，常觉得因为照顾家和尽母亲的责任，丧失了发展本身才能的机会；单身或已婚，却没孩子的女人，可能觉得她要错过可以生养自己孩子的年龄；而未婚女子，不论是不是自愿单身，到了现在的年龄，她可能想结婚，却认为遇上合适伴侣的可能性微乎其微。

因此，忧郁是女人在中年危机里最常有的感觉。忧郁的人在做某种决定和过正常的生活上，都会出现麻烦。他们可能频频诉说自己的疲劳，遭遇真正或想象的生理失调。若患上真正的忧郁症，则会让受害者不能工作。所以，30岁的女性必须认识到，人生总有幼稚、青春、成熟和衰老，事业总会有兴盛和衰落。自己绝不可能回到过去，因为人生不可能重来。唯有认清现实、振作精神，重新设计自己的生活，才能开始新的人生篇章。让忧郁和绝望缠着自己，只会让自己越来越消沉，从而使自己陷入病魔之手。

有一个女人，总爱跟自己较劲，遇上一点儿事情，就胡思乱想，给自己制造忧虑。没有收到来信心里烦恼；舞场上男同志没有邀她去跳舞心里烦恼；年终没评上先进心里烦恼；碰上某个领导没有向她打招呼她也烦恼……烦恼一来，她就会好几天精神不安。

当察觉到烦恼给自己带来高血压、心脏病时，她后悔不已。她想克制自己，但烦恼一来，又无法克制。后来医生建议她每天写20分钟日记，把消极的情绪忠实地写在日记里。医生还告诉她，这个日记是写给自己的，既要写出正面，也要写出负面。这样就可以把消极情绪从心里驱走,留在日记里。

从此以后,这个女人坚持记日记,通过记日记来发泄自己的不安与忧虑,遇上自己爱猜忌的事,便在日记里自己说服自己。她曾在一篇日记里写道:"今天我在楼梯上向某局长打招呼,可某局长阴着脸,皱着眉头,看也没看我一眼。我想他的冷漠态度不是冲着我来的,八成是家里出了什么事,要不然就是挨了上级的批评。"在日记里这么一写,她心里的疑团一下子烟消云散了。

一般来说,女人大都多愁善感、感情细腻,而在现实生活中又存在着许许多多的不如意,所以许多女人经常会产生忧虑、悲伤、抑郁、不开心等情绪。这一方面会影响到一个女人女性魅力的表现,更重要的还会影响一个女人对事业的追求,使成功的机会与她擦肩而过。长期反复的忧郁具备所有低层次情绪冲动的特色,比如没来由地感到忧虑,持续不断、不可理喻地陷溺于对单一事项的忧心不已等,如果持续发展下去,还可能会出现失眠、恐惧、偏执、强迫行为、惊慌失措等症状,如果一直都这样的话,将会对人的身心造成巨大的伤害。

一般情况下,大多数女人都可以自行调适,经过一段时间之后走出消沉。但是也有一些女人因方法不对而适得其反,使自己更加悲伤。如有很多女人在伤心时选择躲进小屋,一个人独处。然而,独处更容易增添孤独无助的感觉。其实你可以选择积极一点儿的方法,比如出去吃顿饭、看场电影、去商场逛一逛,或者与朋友、家人一起做点儿什么,这样有助于你暂时忘掉悲伤。

也许有些女人会说，我反复忧思是因为我想更深入地认识自己、了解生命。事实上，反复忧思可能会使你更加沮丧。认识自己的办法有许多种，何必一定要这么跟自己过不去呢？

一旦自己觉得最近几天总是情绪不佳，你就可以试着采取一些措施让自己解脱出来。比如你可以把自己每天从起床到熄灯要做的事情写下来，吃饭、洗澡也包括在内，让自己先行动起来，因为忧郁者必定懒散不想动，所以应该让自己先行动起来。你也可以想办法从某一方面帮助别人，这样你就会与他人接触，并同时感受到一种自我价值的实现，这也是一种积极有效的办法，因为忧郁者总是不想与人来往。或者你也可以听一听音乐，先听一段与你目前情绪较吻合的忧伤的曲子，然后逐渐改为欢快的曲子，直到让自己的情绪也随着乐曲逐渐欢快起来。或者也可以换一件颜色鲜艳的衣服，再化化妆，让自己看起来精神一些，走出去时自我感觉会好一些。我们也可以与朋友一起出去娱乐一下，振奋一下心情，因为忧郁者通常会停止娱乐。总之，想办法让自己振作起来。

（1）扩大社会联系。

拓宽人际关系，多交良师益友，加强人际间的交流，通过互相交谈、启发、忠告、劝说和帮助来得到情绪的缓解，疏导思想矛盾，减轻心理冲突；还要善于与人友好相处、助人为乐、关心家庭、热爱亲人、珍惜友情。

（2）处理好家庭关系。

30多岁的女性情绪易激动，容易与家人发生矛盾。这就要求家人及朋友间相互体谅，遇事要冷静，不要争吵。家庭和睦是全家人的幸福，也是预防抑郁症的重要因素。更年期女性不但要适应家庭,更要适应社会。对当今社会上的一些现象要有一个正确认识,不理解的要多与他人交流看法,不要闷在心里,自寻烦恼。要以乐观、热情的态度对待生活、对待社会。

(3)丰富生活情趣。

培养业余爱好,充实生活内容,如下棋、打球、跳舞、郊游、听音乐、与朋友聚会等。广泛的兴趣爱好,能使人乐观地对待生活。用微笑看待一切,转移注意方向,冲淡目前环境生成的不良情绪,使精神紧张得以松弛,摆脱心理上的失衡状态。

(4)要正视自己和现实。

人世间没有无所不能的超人,因而不可过分苛求自己。要面对人生,面对社会,做自己力所能及的事,不要抱不切实际的幻想,不要自己欺骗自己,如此才不致增加无谓的烦恼。

(5)正视"负面生活事件"。

正确对待突发事件,如丧偶、亲人离别、患病等,对30多岁的女性来讲,遇事注意保持镇静,以自身健康为重才是最关键的,切不可忧心如焚,思虑过度。

(6)克服嫉妒心理。

嫉妒是一种感到个人地位受到威胁而产生的敌意,也是弱者、自卑者寻求心理平衡的手段。嫉妒者还常有怨恨情绪,即一旦出了问题就抱怨别人。因此,要想克服嫉妒心理,就要允许他人比你更成功、更有能力。

(7)学会运用语言艺术。

加强自身修养,掌握丰富的知识和语言技巧,遇到令人难堪、尴尬的处境时,灵活巧妙地使用幽默风趣的语言来摆脱窘境，扭转困局，反"败"为"胜"，化干戈为玉帛。

（8）环境调节法。

受到不良情绪压抑和折磨的人，亦可采用改变环境的方法来转变情绪。如到环境优雅、风景秀丽的地方旅游，去欣赏大自然之美，以调节精神生活，开拓心理容量，消除精神上的紧张和压抑情绪，从而忘却生活中许多烦恼与不快，并在心理上获得极大的满足。

（9）排泄法。

日常生活中，女性可以采用直接发泄的方法疏导心绪、和谐心境，以达到缓解心情及治疗疾病的目的。如遇到不幸、悲痛不已时，不妨痛哭一场；当遭遇挫折时，心情很压抑，你可以通过到空旷无人的地方无拘无束的喊叫，将内心深处的抑郁发泄出来，使精神状态和心理状态恢复平衡。

（10）运用色彩效应调整情绪。

灰、白和黑色能起镇定作用，有助于缓和焦虑和紧张的情绪；为避免烦躁和愤怒要少看红色；不穿冷色调的衣服或在身边布置冷色调的环境，以避免出现郁郁寡欢情绪；而温暖、明亮、活跃的暖色调则可提高情绪。

（11）饮食调理法。

碳水化合物如作为单一食物的话，有镇静情绪和安慰的作用；蛋白质食品则有益智醒脑和维持机能的功用；大量饮用咖啡、可乐等可能会加重一些人的沮丧、烦躁和忧虑情绪。

（12）语言暗示法。

遇到精神刺激，要尽量控制自己的情绪。当怒火上升、欲发雷霆时，可用语言暗示法暗示自己"生气是自我惩罚""烦恼是和自己过不去""发怒是无能的表现",以此来调整和放松心理上的紧张状态,使不良情绪得到缓解。

(13) 补偿法或转移法。

遇到困难和挫折时,自然地会产生不安或沮丧的消极情绪,此时应正视既成的事实,采取积极的措施进行心理防卫。如发现原定目标无法实现时,可重新选择达到目标的手段,再作尝试;或原计划受阻,可暂时放弃,用另一方面的成功加以补偿。

(14) 光的调理作用。

冬季日照量减少或是在光线不足的场合工作,许多人易患忧郁症,而增加户外活动及改善光照条件可减少忧郁病症的发生。再者,户外活动可增加心肺循环功能,消散恶劣情绪。

(15) 合理安排体育锻炼。

体育活动可以促进新陈代谢,增强各器官的生理功能,以提高身体素质,同时也可提高心理素质和对突发事件的适应能力。更年期女性在运动中可以获得欢乐,忘掉烦恼和不幸,有助于预防抑郁症。

(16) 让音乐伴随你的生活。

音乐的节奏、旋律、速度的不同,可起到镇静作用、兴奋作用、降压作用、镇痛作用和情绪调节作用。因此,音乐不但可用以调节情绪、陶冶情操,还可以治疗某些疾病。可以选择轻松、愉快的乐曲,以调理紧张的心理情绪。

5. 心情好坏，自己说了算

任何时候，都不要为一个负心的男人伤心，女人更要懂得：伤心，最终伤的是自己的心。

有一个女孩失恋了，在公园里悲痛欲绝。

一位哲学家走来，轻声问她为什么哭得如此伤心？失恋的女孩告诉他说和青梅竹马的男友分手了，"十年的感情啊，说分就分了！好难受的。"边说边哭。

这位哲学家听后却哈哈大笑，并且说："这是好事啊！你还哭，真笨！"

失恋的女孩听后很生气地说："你怎么这样，我遭受这么大的打击都不想活了。你不安慰我也就算了，居然还笑话我。"

哲学家回答她说："傻瓜，这根本就不用难过啊，真正该难过的是他。因为你只是失去了一个不爱你的人，而他却失去了一个爱他的人。"

失恋的女孩想了想，停止了哭泣。

如果一个男人开始怠慢你，请你离开他。不懂得珍惜你的男人不要为之不舍，更不必继续付出你的柔情和爱情。

当一个男人和你分手时你也不必哀伤和烦恼，应该笑着说：等你说这话很久了，然后转身走开。收拾悲伤，好好生活。每天打扮得优雅从容地出门，给自己带上不同的笑容，对善意欣赏你的人回报浅浅的微笑，这才是你当前的首要任务。

要相信自己，善待自己，让自己的生活精彩纷呈。不要想让某个人后悔，而是为了让自己的人生活得更精彩。

这就是我们现实生活中相当常见的现象，热恋时山盟海誓，很多人会说："离了你我就没法活了。"这是一种爱的夸张语言，在生活中千万不能真的如此去身体力行。在社会上、家庭中，你会有多种角色，但无论如何，你不属于任何人和团体，因为你只属于你自己。

有一部关于杀手的电影。电影中，所有的杀手在训练期间都被切断了痛觉神经，这样，他们在执行任务的时候就不会怕疼了，就会勇往直前，直到把对方置于死地。其中有一个经典的镜头是，一个杀手单手吊在桥上，他的对手则用力地踩他抓在桥上的那只手。如果是平常人，肯定会因为难忍疼痛条件反射般地放开自己的手，但是，由于那个杀手没有痛觉，反而成功地逃脱了当时的危险，并在对手惊愕的瞬间将其制伏。

也许你会很羡慕电影中的杀手，要是我们能像他们一样没有痛觉，那么生活中就会少很多的痛苦，也就会更加美满和幸福。但是，我要告诉你的是，你最好还是看完了下面这个故事再作决定，否则到时后悔的人只能是你自己了。

据说,有一个女孩在13岁那年,不小心将手放在暖炉上,直到她闻到异味,才发现自己的手已经被烤伤了。她和家人都很奇怪,为什么她当时没及时避开。后来,检查发现,她患有先天性的神经发育不全症,没有痛觉。几年后,她因为没有发现自己被割伤,流血过多而死。

其实,痛觉并不是产生痛苦的原因,相反,它能告诉我们哪些刺激对我们有害,让我们避开有害的刺激。当我们碰到高温的物体时,身体就会产生疼痛的感觉,这就告诉我们高温的物体会灼烧我们的皮肤和肌肉,我们应当马上避开它;当我们碰到尖锐的物体时,身体也会疼痛,这就提醒我们避开它,并处理自己的伤口。

身体通过疼痛给出信号,让我们避开危险和有害的物体,从而让我们保护自己,适应环境。如同一枚硬币的两面,人生也有正面和背面。光明、希望、愉快、幸福……这是人生的正面;黑暗、绝望、忧愁、不幸……这是人生的背面。

天气好坏,大自然说了算;心情好坏,自己说了算。一个人心态好、心情好,世界上一切都会变得很美好。反之,心态不好,心情不好,一切都会很灰暗,再好的东西都看不到它的好。

快乐是属于你的,你自己的快乐只有你自己才能寻找得到,如果你自己放弃了寻找快乐的权利,放弃了快乐,那你也就放弃了生活,放弃了你自己,谁也帮不了你。

6. 开启封闭的心灵之门

自我封闭是指人将自己与外界隔绝开来，很少或根本没有社交活动，除了必要的工作、学习、购物外，大部分时间将自己关在家里，不与他人交往。

人总有很多隐秘不愿公示于人，但这和自闭者是根本不同的。前者是在阳光下撑起一把伞，而后者干脆就完全躲在黑暗中。

25岁的李微是个体商业户，中专文化。一年前，李微参加一位朋友的生日宴会回来，突然感到莫名恐惧，不敢外出见人，多方治疗无效，终致无法经营自开的一家百货店而闲在家里。为此丈夫大为恼火，骂她中了邪。后来听朋友说可以找心理医生咨询一下，李微便来到了心理咨询中心。她向心理医生做了如下陈述："我两年前下岗，自己开了一家百货店，生意挺不错。不久，街坊一位长得挺秀气的姐们开了一家更大的商店，开后不久生意就红火起来。一次我和她一同去赴一位朋友的生日宴会，都是同行，她大受朋友们的欢迎，不少人争着和她聊天，像众星捧月似的，搭理我的人却很少，于是顿感心中不安，中途退席回家。从此不时感到惶恐不安，老觉得我绝不可能超过她而感到害怕。开始还只是怕和她在一起，后来连见到她也害怕，整天担心她会突然出现在自己面前。不久，就连顾客上门买东西也感到害怕。无法继续营业而停业待在家里，甚至不敢出门会客，如此情况已有一年多了。"

自闭者是悲哀的，他总想把自己放在保险箱里，希望彻底的与世隔绝。这样会毁了他的一切，即使他是一个天才。

自我封闭的人，其实在不自觉中在自己生活的道路上设置了路障。人生需要交流和沟通。"独木难支大厦"，朋友关键的时候帮你一把，可能直接促使你的事业取得成功。而好的人缘不是鸟儿，不会自个儿飞来。要建立好人缘，支起一张密切的人际关系网，就必须走出自我封闭的状态，并把它化为行动。

有些女性之所以自我封闭，像蚕蛹躲在茧内不与外界交往，究其原因主要有以下几个方面：

（1）不合群的性格。

不合群的性格缘于生活中有些人过于洁身自好或自命清高，不好交往。有些人过于自卑，总以为别人瞧不起自己，因而孤僻内向，自我封闭起来，离群索居。

（2）不适应社会环境。

现实生活中，社会环境对人有一定的要求，人对环境也并非心满意足，这就需要适应。但有些人没能适应环境，工作不能顺利展开，处处感到陌生，不是工作出问题就是人际关系紧张，整天闷闷不乐，置于苦闷之中不能自拔，于是产生自卑恐

惧感，将自我封闭起来。

（3）冷漠心态驱使。

一般来说，当人们失去亲友、事业不顺或健康不佳时，会失去生活的动力和信心，这时，也易产生自我封闭的心理。

（4）自卑感作怪。

自卑感是一种觉得自己不如他人并因此而苦恼的感情。有这些心理状态的人，常常对自己的能力、品质等作出偏低的评价，总认为自己比别人差而悲观失望，因而产生自我封闭心理。

（5）追求完美的心理。

不能容忍美丽的事物有所缺憾，是一种普遍的心态，但生活中每一件事都想把它做得完美的人并不是一个强者，恰恰相反，这些追求完美者期望毫无瑕疵的结局，只是想把自己保护起来，免受他人的指责和讥讽，一旦事情不完美，就会在他们心里留下阴影，造成压力，极易自我封闭，不敢与外界多交往。

（6）悲观情绪。

有的人大部分生活被消极情绪占领，不善于解脱排遣或唉声叹气、灰心丧气，或牢骚满腹、怨天尤人。这种人也极易产生自我封闭的心理。

尽管造成有些人自我封闭起来、不与外界交往的原因有很多，然而，不管是出于什么原因，我们都应该知道，固然过分、浮夸的感情不可取，但我们不能对生活中真正打动我们内心的人和事也装作视而不见。把感情封闭起来，只会使生活失去生机活力。

人类的内心世界是由感情凝结而成的，所以我们才能在邻居或朋友之间建立起诚挚的友谊，才能在夫妻间建立起成功美满的婚姻和家庭，社会也才能通过感情的纽带协调转动。真挚的感情无影无形，但它却比任何实际的东西都更有价值。

天性开朗、热情、奔放的人根本就没有必要去追求少年老成的效果，以至于制造出一副扭曲的性格，它比肢体的残疾更令人悲哀。装出一副老于世故的外表和麻木不仁的面孔去迎合某种观念和大众化的口味，是脆弱、懦弱的表现。走出自我封闭的圈子，注意倾听自己心灵的声音并大胆表现它是美好和幸福的。

当我们要压抑自己的感情，想把它封闭起来时，我们有必要反躬自问：我怕的是什么？我为什么不能更自由地生活在世界上？

为了你生活得更快乐，更有意义，请你敞开心扉，融入社会多彩的生活之中吧。

（1）信任他人，与人交往。

如果你对新结识的人表现冷淡，这往往意味着你对人的信任感和孩子般天真的直觉已被自我封闭的重压毁灭了。那么，你就不会从你周围的人们中获得乐趣。

不妨去做：

和初次见面的人打打招呼。

在你常去买东西的小店里和售货员聊聊。

和刚结识的新朋友一道去郊游。

在众人面前表达自己的观点，从前的孤独将一扫而光。

（2）接纳自己。

生活中果真有那么多的烦恼吗？许多事并没有什么大不了的，只是我们把它放大了而已。

学会对自己说"这没关系"，这样，我们的生活里就会常常充满开怀的笑声。

不要总是想不愉快的往事，不必承担不属于自己的过错。

多发掘自己的优点，就会越加自信，增强与人沟通的能力。

不要"自我监禁"，这样只能让自己闭目塞听，思维狭窄，行动迟缓，一无是处。

（3）顺其自然地生活。

不要为一件事没按计划进行而烦恼，不要为某一次待人接物礼貌不够周全而自怨自艾。如果你对每件事都精心策划，以求万无一失的话，你就不知不觉地把自己的感情紧紧封闭起来了。

应该重视生活中偶然的灵感和乐趣。快乐是人生的一个重要价值标准，有时能让自己高兴一下就行，不要整日为了一个明确目的，为解决某一项难题而奔忙。

（4）不要掩饰真实的感情。

如果你和你的挚友分离在即，你就让即将涌出的泪水流下来。害怕人说长道短而把自己身上最有价值的一部分掩饰起来，这种做法没有任何道理。生活中许许多多的事都是这样，遵从你的心愿，这样即使做错了事，也不必太难过。

7. 女人要远离抑郁症

抑郁症正成为人们特别是女人的流行症。世界卫生组织预测：2020年，被称为"全球第二大疾病"的抑郁症将成为发达中国家最为严重的疾病。女性患抑郁症的人数是男性的3.5倍，而冬季是抑郁症的多发季节，尤其是岁末年初，许多人心理压力骤增。抑郁症严重危害着女性的身体健康，会造成睡眠质量下降以及人体免疫力下降，从而引发各种疾病。一项新的研究显示：有抑郁症疾病史的女人，患新陈代谢综合征的概率是一般人的两倍，一系列的症状还会增加心脏病的危险。

若抑郁症发展到严重的程度，会彻底改变人对世界以及人际关系的认识，甚至会以自杀的方式来结束自己的生命。有学者研究认为，自杀身亡的苏联著名小说家法捷耶夫、日本著名小说家川端康成、美国著名小说家海明威和中国台湾女作家三毛等人，生前都患有抑郁症。可见抑郁症对人的危害。

那么，什么是抑郁症呢？抑郁症是一种以抑郁情绪为突出症状的心理疾病，患者充满忧郁和厌世心理，有凄凉感，常唉声叹气，对人对事失去兴趣，常头痛、心烦、多梦、乏力、腹泻等，此病症严重时，会产生强烈厌世和自杀的念头。

抑郁症的诱发原因有哪些呢？从西医的角度来看，抑郁是由于在心理因素、压力、关系问题等影响下，血清素缺乏，从而导致抑郁状态。而从中医的角度来看，抑郁会对身体造成器质性的变化，比如"心肾不交，肝脾失和"。中医的肾不仅是肾脏，而且和卵巢等生殖系统相关。由于抑郁和荷尔蒙低落相关，而荷尔蒙又和血清素相关，这样血清素就会下降，产生抑郁。抑郁患者由于心情郁结，经络系统出了问题，会出现脾胃消化不良，胃肠胀气，酵素不够。这其实就是一种郁结的感觉。

所以抑郁是比较复杂的，与生理和心理都相关。从中医角度看，由于能量太低，正气不足，外邪容易入侵，原先身体的问题会更加恶化。所以要治疗抑郁症，需要从身、心、灵三个层面去调整。

几乎每个女人都会在她生命中的某个时刻感到悲伤或绝望。但当这些感觉一次又一次地出现或是变得严重的时候，你可能已经开始经历抑郁症。

美国著名心理学家詹姆士·杜布森在他的著作《女人要你懂她：丈夫必知的女人10种情况》一书中，详解了造成女性抑郁情绪的10种情况：缺少自尊、疲劳和时间压力、婚姻生活中的寂寞和孤独、浪漫爱情的消逝、财务困难、婚姻中的性问题、月经与生理问题、孩子问题、姻亲问题、年龄问题。

有关专家认为，要想把女人从抑郁情绪甚至抑郁症中解救出来，就要帮助女性向丈夫解释自己的独特需求，帮助女人解除情感孤独的束缚等。女人一旦出现了抑郁的倾向和症状，一定要加以重视，要懂得适当地向丈夫、亲人和朋友倾诉自己的苦恼，倘若抑郁症发展到了较为严重的程度，要立刻寻求心理治疗。

抑郁症是一种常见心理疾病，可以成功地被治疗。不幸的是，有太多人因为各种理由而没有去寻求专业帮助。他们没有察觉自己已经患上了抑郁症，而认为抑郁症不是一种真正的疾病，或是认为抑郁症只发生在心灵脆弱的人身上。

抑郁症的发生，原因复杂，不能简单地以心理承受能力论。这种情绪障碍和身体体质、人格心理、思维方式以及外在的压力事件、人际环境等都有关系。那么，哪些人更容易患抑郁症呢？

（1）女人。抑郁与激素水平直接相关。女性在雌激素剧烈变化的几个时期，如产后、更年期等，更易抑郁。

（2）天生5-羟色胺偏低的人。抑郁症和大脑内5-羟色胺水平低有关。

（3）心理脆弱的人。如，敏感、内向的人往往无法化解、释放不良情绪，易抑郁。

（4）受到重大压力事件的人。遭遇重大压力、创伤事件，往往是诱发抑郁的导火索。

（5）思维方式内倾的人，如，完美主义者、易把过错归结给自己的人、爱自省思虑的人、习惯委屈自己的人，会给自己沉积更多负面情绪，从而积郁成疾。

（6）人际资源缺乏者。社会支持系统差的人，获得人际支持较少，在抑郁来临时缺乏舒缓渠道，易被压垮。

当女人感到抑郁时，该如何做自我调整呢？下面是专业人士给出的几点意见：

（1）停止自责。抑郁症是一种疾病，你并没有创造它或选择它。

（2）试着不要感到气馁。恢复正常需要一段时间，在这些日子里尽量不断地告诉自己，你一定会好起来。

（3）简化生活。设定可行的目标、合理的计划表，在做得太少与太多之间取得平衡。如果太快做太多事，你可能会觉得被击垮且变得沮丧。

（4）多参与活动。参与让你感觉较好或是有成就感的活动，就算刚开始只是出席而没有真正参与，那也是朝着正确方向迈进了一步。"群居"能有效带走你的孤独感。

（5）认可自己，喜欢自己。哪怕是一点点的进步，都要对自己表示赞美。

（6）不妨把自己的感受写出来，然后分析、认识它，哪些是消极的，属于抑郁症的表现，然后想办法摆脱它。

对抑郁不要轻视，但也不要过于紧张，女人需要对它有正确的认识，通过自己的努力和专业人士的帮助可以摆脱抑郁，从而让自己活得更轻松，更健康。

第五章 宽和从容的女人，是一道优雅的风景线

宽和从容是一个女人成熟的标志。女人要想成为一道优雅的风景线，就应该豁达大度，笑对人生。有时一个微笑、一句幽默，也许就能化解人与人之间的怨恨和矛盾，填平感情的沟壑。宽和从容也是一门生活的艺术，拥有宽容的心胸与境界，自会悟得人生的真谛。

1. 熄灭心中的怨恨之火

怨恨是一种不良的心理,它能损害女人的身心,破坏女人的生活。

小晴,一位刚满28岁的白领女性。半年前,她做了妈妈。事业上小有所成,家中有英俊、能干、体贴的丈夫以及漂亮、可爱的女儿,她成为同事、朋友们羡慕的对象。

可谁知,她最近异常憔悴,因为怨恨而痛苦不堪。原来,几天前,她的公公和婆婆对她说了一些不友善的话。丈夫是家中的独生子,而公公、婆婆都是思想非常保守传统的人,3年前儿子结婚时他们就一直盼着儿媳能给他们生个白白胖胖的孙子以传宗接代,用他们的话说,就是"李家的香火不能断"。眼巴巴地盼了3年,却事与愿违,两位老人极度地失望。虽说孙女长得极像儿子,非常乖巧,但仍难以消除二老心中的遗憾以及对儿媳的不满。他们知道这是无法补救的事实,但有时仍忍不住会借机对儿媳说些难听的话。小晴怀孕那段时间,公公、婆婆对她都非常好,总是变着花样做好吃的给她,还不让她做任何家务活,总是让儿子陪着儿媳去公园散步。还有两个月才临产，他们就让小晴请假在家休养。可是，一旦希望落空，他们便对小晴十分冷淡，甚至都不愿照顾刚出院的小晴。对这些，小晴并不在意，她觉得只要丈夫对自己好就行了，反正自己嫁的是丈夫，而且她还认为等时间久了，公公、婆婆还会重新接纳她以及她的女儿。

就这样过了半年，女儿长得越发乖巧，但公公、婆婆的态度没有一点儿改变，他们甚至有些变本加厉了，有时无中生有地找茬，还经常在儿子面前说小晴的坏话。小晴产生了强烈的怨恨心理，她说："我再也无法和他们恢复昔日的关系了，往后的日子教我如何面对？"

小晴的心从此蒙上了灰色的阴影，离开了快乐和幸福，充斥内心的只有两个字——怨恨。这两个字控制了小晴的思维，占据了小晴的头脑，它们就像一把熊熊燃烧的火烤得小晴坐立不安。认识他们家的人谈及她时都认为她是无辜的受害者，似乎不应该承受那么大的罪过，请她不要太伤心，但她愈想愈激动。她哭着说："总有一天我会想办法报这个仇，让他们也尝尝这种滋味！"她说这话时的脸色十分吓人，眼睛像要喷火一样恐怖，拳头攥得紧紧的，似有深仇大恨一般。

女性的怨恨心理呈现出多面性并有很多种表现，包括气愤、尖刻、憎恶、失望、仇恨、忌妒以及冷漠。无论哪一种怨恨，都是在我们没有完全察觉之前就已悄然进驻心中。

我们应当给自己的怨恨起个什么名字？生气？尖刻？还是失望？当自己的怨恨开始张牙舞爪时，谁是主要的攻击目标？

是丈夫？是父母？是自己的兄弟姐妹？是朋友？是孩子？还是其他什么人？

让我们审视一下，在现实中怨恨是如何影响女性的生活情趣、如何降低女性的生活质量、如何摧毁我们的身心健康的。一般女性在怨恨发作时，所表现出的主要症状是：身体疲惫、情感倦怠、头痛、恶心、心口灼热、感觉孤立、人际关系紧张、脾气暴躁、心态失控、具有报复欲望、麻木冷淡。她们无法控制言语，常会说些不该说的话，事后又懊悔；她们严重失眠、情绪低落。如果想成功地驱逐怨恨，我们必须全面了解怨恨心理的存在会给我们带来什么坏处。有人也许嘴上说愿意摆脱怨恨，但事到临头，还是不能自持。

只有放下怨恨，心灵才能得到解脱。怎么做才能放下怨恨呢？我们愿为你提供一个谅解道路上的路标。

（1）要正视怨恨的存在。

许多人都把怨恨隐藏在心底，不愿公开承认自己怨恨别人，但怨恨实际上在损害着人的情感。承认怨恨的存在，就等于是强迫自己对灵魂施行手术，这样才能根除怨恨这块心病。

（2）认识怨恨的危害。

怨恨者使自己失去欢乐，损害了自身健康。要知道，怀有怨恨情绪，受害者往往是怨恨者自己，而不是被怨恨的人。

（3）要做到宽恕。

消除怨恨的最佳方法是宽恕，要做到宽恕，就要将错事与做错事的人区分开来。要分析被怨恨者的长处和缺点，并体谅做错事的人当时的处境。埋怨错事，但不抱怨做错事的人，只要宽恕了，怨恨也就烟消云散了。

（4）不以怨还怨。

复仇从来就不能治愈创伤，相反，它会导致伤害者与被伤害者之间无休止地相互报复行为。甘地说得好，"如果我们都把'以眼还眼'式的公正作为生活准则，那么全世界的人都将成为盲人。"神学家莱茵霍德·涅博尔在第二次世界大战后也说，"我们最终必须与我们的敌人和解，否则，我们双方都将在相互仇恨的恶性循环中死去。"谅解解开了我们心中痛苦的死结，并为相互和解敞开了大门。

不管我们的理由如何，怨恨总是不值得的。潜留在我们内心里的侮辱，永难平复的创伤，都能损坏我们生活中的许多可爱事物。我们被锁在自己的苦恼深渊里，甚至无法为别人的幸运而高兴。怨恨毒害着我们的血液，细胞的毒素影响、侵蚀着我们的生命。

神经衰弱、头痛、失眠、消化不良和严重的疲倦等，是心怀怨恨的人常有的生理症状。严重失眠、疲倦正是有怨恨心理的症状。一所医学院曾做过一次调查，报告显示说，与心情较为愉快的人相比，心存怨恨的人更经常地进出医院。医务人员所做的试验显示，患心脏病的女性常常不是辛劳的人，而是报怨辛劳的人；最足以引起高血压的原因，莫过于外表好像很安静，内心里却被强烈的怨恨所煎熬。

怨恨不但容易伤害女性的身体，而且会造成意外事故。交通问题专家说，"发怒的时候，千万不要开车。"

深究怨恨情绪的来源，很多女性往往忽略自身因素。我们如能坦白地检讨，会发现十之有九是来源于自己本身。忽略自己的缺点，总找别人的不是，此乃是人性中的弱点。在任何可能的时候，一些女性总会把自己的短处变成别人的错处，而后加以无以名状的怨恨。对自己的过错多少会心存原谅，为什么对别人的错误却不能如此呢？

既然怨恨这么具有破坏性，那么宽容、大度、体谅、同情便是激发女性活力的源泉。正如一位健康学博士所说，"宽容大量乃是一服良药。"有理智的女性并不满足于了却宿怨，她们还经常用新的梦想和热诚，填进她们生活中的洼地。中国不是有句老话"以德报怨"吗？而怨恨大部分是以自我为中心而产生的，所以要想忘记自己，最好的方法便是帮助别人，从中你会发现在这个世界善意总是多于恶意的。

2. 女人不要苛求完美

完美是上帝进化人类的诱饵，它是让人眺望而永远无法达到的目标。当时间向前移动时，一切就会重组。在新的空间里，人与外界所构成的关系就会留下一连串时隐时现的玄机。

"求全"似乎是人性中的通病，我们都希望自己十全十美，但是这恰恰违背了自然界的规律。自然界正因为不完美，才会生出许多个性、许多特点，才会如此多姿。

没有哪个女人是完美的，但我们可以说，每个女人都是闪光的，因为她一定有属于自己的亮点。一个长相平凡、身材普通的女子，她也许不妖娆、不娇艳，却拥有智慧的目光、善良的心智、磁性的声音，这些恐怕已经足够让你喜欢她了吧。

"哪怕遇到火灾或地震，我也绝不会不化妆就跑出去。"你听到过类似的话或身边有这样"视妆如命"的女性朋友吗？你一定会觉得奇怪，这些人究竟是怎么了，她们原本就是才貌双全没有什么可挑剔的啊！其实这些女性朋友是对自己要求过高，她们在潜意识里一直不懈地追求完美，过分注重外表只是她们的表现之一。这些女人就是我们所言的完美主义者。

追求完美是人的天性，女人尤其希望把自己打造成一个在各方面都无可挑剔的漂亮女神。然而，任何人都不会是完美无缺的，追逐一个无法实现的美梦，当梦醒时势必会坠入痛苦的深渊。只有走出这种追求完美的梦幻，努力接受现实，并在现实的基础上把自己打造得更美，才是一个真正快乐的女人。

在佛教的《百喻经》中，有这样一则可笑而发人深省的故事。

在印度有一位先生娶了一个体态婀娜、面貌秀丽的太太。两人情如金石，恩恩爱爱，是人人称美的神仙美眷。这个太太眉清目秀，性情温和，柳眉、凤眼、樱桃嘴，可在她的瓜子脸蛋上却长了个酒糟鼻子，好像失职的艺术家，对于一件原本足以称傲于世间的艺术精品少雕刻了几刀，显得非常突兀怪异，于是这位太太终日对着镜子，一面抚摸着这只丑陋的鼻子，一面唉声叹气，埋怨上帝的残忍。

这位丈夫也是看在眼里、痛在心里。一日出外去经商，行经一贩卖奴隶的市场，宽阔的广场上，四周人声鼎沸,争相吆喝出价,抢购奴隶。广场中央站了一个身材单薄、矮小清癯的女孩子,正用一双水汪汪的泪眼,怯生生地环顾着这群如狼似虎、决定她一生命运的男人。这位丈夫仔细端详女孩子的容貌,突然间被深深地吸引住了。好极了!这女子脸上长着一个端端正正的鼻子。要不计一切,买下她!

这位丈夫以高价买下了长着端正鼻子的女孩子,兴高采烈地带着女孩子日夜兼程赶回家,想给心爱的妻子一个惊喜。到了家中,把女孩子安顿好之后,用刀子割下女孩子漂亮的鼻子,拿着血淋淋而温热的鼻子,大声疾呼:"太太!快出来哟!看我给你买回来最宝贵的礼物!"

"什么宝贵的礼物,让你如此大呼小叫的?"太太狐疑不解地应声走出来。

"喏!你看!我为你买了个端正美丽的鼻子,你戴着看看。"丈夫说完,突然出其不备抽出怀中锋利的刀,一刀朝太太的酒糟鼻子砍去。霎时太太的鼻梁血流如注,酒糟鼻子掉落在地上,丈夫赶忙用双手把端正的鼻子嵌贴在伤口处,但是无论丈夫如何努力,那个漂亮的鼻子始终无法粘贴于妻子的鼻梁。

可怜的妻子既得不到丈夫苦心买回来的端正而美丽的鼻子,又失掉了自己那虽然丑陋、但是却货真价实的酒糟鼻子,并且还受到无端的刀刃创痛。那位糊涂丈夫的愚昧无知,更是叫人可怜!

追求完美几乎是现代女性的通病。胸部不够大去隆胸;腰部不够细去减肥；臀部不够美去健身；竟然连父母遗传下来的单眼皮，很多女人也要割上一刀。对于婚姻家庭的苛求就更不用说了。然而不幸的是，有些人以为自己是在追求完美，其实她们才是最可怜的人，因为她们是在追求不完美中的完美，而这种完美根本不存在。

完美主义是一把"双刃剑"，有利也有弊。一方面它是使人不断向上的动力；另一方面这种对完美的追求也是一个沉重的包袱，在现代社会的多方面压力下，完美主义者看到自己对现实的无能为力，会变得急躁、自卑，甚至急功近利。它不仅使完美主义者本人觉得痛苦，更糟糕的是这种个性也会影响周围的人。在日常生活中，我们很容易看到完美主义者的各种表现。如有的女人不允许自己在公共场合讲话时紧张，一到发言时就拼命克制自己的紧张，结果越发紧张，形成恶性循环；有的女人不允许自己的工作仅仅是一般，她们一定要做得最好，可事实经常是把自己累得够呛，工作却未必如想象的那般好；或是有完美主义倾向的母亲对于孩子有超乎常人的标准与要求，使孩子有了自卑心理、自闭倾向；抑或完美主义的妻子要求丈夫尽善尽美，既要能力超群，能适应公司CEO、管道修理工的所有工作，又温柔体贴，照顾自己每时每刻的情绪变化，这样的丈夫常常觉得无所适从，怎样也不能令对方满意，这就埋下双方矛盾的根源。

完美主义是一种人格特质，也就是在个性中具有凡事追求尽善尽美的极致表现的倾向。如何摆脱完美给你生活带来的压力和阴影，其实也很简单。以下就是一些行之有效的小方法。

（1）过健康的生活。

选择自己喜欢的健身运动进行锻炼，或养成晨跑的习惯，矫健的身影和红润的脸色会比任何妆饰更使女人年轻生动。工作之余逃离城市，让自己走进乡村，亲近自然，要学会享受阳光，热爱生活。

（2）从心理上承认有不完美才是真正的人生。

生活绝不可能一帆风顺，遇到挫折和处于低谷时，自信和乐观尤为重要，切不可自暴自弃。学会换个角度看问题，正因为生活中有让你感到沮丧、绝望的事情，你才会付出更多努力，才更懂得珍惜所得到的，即便是事情不尽人意，即便失败，也和成功一样构成你丰富的人生体验，那才不枉活一世。如果真有万事如意、心想事成的人，那她的生活还有什么激情，你以为她会觉得人生有意义，她会幸福吗？

（3）不要对自己过分苛刻。

不要对自己太苛刻，工作上给自己定一个"跳一跳，能够着"的目标，只要对得起自己的努力和良心，不要太在意上司和同事对自己的评价，否则，遇到挫折就可能导致身心疲惫。不要为了让周围每一个人都对你满意而处处谨小慎微，还是要有点"我行我素"的气魄，不然让所有人都满意唯独自己不满意，对你又有什么好处呢？

（4）不要让自己的完美主义倾向变成负担。

每个人或多或少都有一些完美主义倾向，其实并不需要太担心。应该看到完美主义的你有着众多的优点，比如严格自律，意志坚定，执着，仔细周到，计划性、秩序性、组织性强，这些优点只要发挥得当，完美主义者绝对是一个训练有素的出色员工，应有足够的信心去面对工作上的压力。

（5）学会放松和排解不愉快。

情绪的过分紧张和焦虑会影响一个人解决问题的能力。而生活中常常会遇到一些始料不及的事情，应学会放松、调节自己的情绪，保持生活的规律和睡眠的充足，以饱满的精神状态面对并解决问题。学会倾诉和寻求帮助来排解不愉快，生活中绝大多数人都有一颗助人为乐的心，找一个听你诉苦的朋友不会是太难的事。

人生确实有许多的不完美，但我们可以选择走出不完美的心境，而不是在"不完美"里哀叹。这样，你才会成为一个真正意义上的快乐女人。

3. 宽容大度也是一种爱

博爱是一种传统美德。孔子有"四海之内皆兄弟"的教诲，孟子有"亲亲而仁民，仁民而爱物"的传言，墨子有"天下之乱，乱于不相爱；天下之治，治于兼相爱"的警示。古代智者，无不把博爱作为一种优秀品德来树立。

1979年，诺贝尔委员会做出了一个伟大的决定，选择了一个"除了爱一无所有"的贫民作为本届诺贝尔和平奖获得者。这是从本届56名角逐者中挑选出来的，角逐者包括促成了巴以和谈的美国前总统卡特，但卡特却没有赢得这项殊荣。获奖者是特蕾莎修女。授奖公报说："她的事业有一个重要特点——尊重人的个性、尊重人的天赋价值。那些最孤独的人、处境最悲惨的人，得到了她真诚的关怀和照料。这种情操发自她对人的尊重，完全没有居高施舍的姿态。"公报还说："她个人成功地弥合了富国与穷国之间的鸿沟，她以尊重人类尊严的观念在两者之间建设了一座桥梁。"

而她的答词是："这项荣誉，我个人不配领受，今天我来接受这项资金，是代表世界上的穷人、病人和孤独的人。"

特蕾莎出生于1910年，她的故乡在南斯拉夫，老家是一户阿尔巴尼亚农户。她的出生地一直都处于贫穷、混乱和民族战争的旋涡之中，这为她思索人生提供了背景。37岁正式成为修女的特蕾莎，1948年远赴印度加尔各答，两年后正式成立仁爱传教修女会，竭力服务最穷苦者。

特蕾莎修女到了加尔各答，走进了那个被印度总理尼赫鲁谓之"噩梦之城"的地方，走进那些没有遮风挡雨之处的贫民中间，握住那些快要横死街头的穷人的手，给他们临终前最后的一点温暖，让他们含着微笑离开这个对他们来说残酷的世界；她亲吻艾滋病患者的脸庞；抚摸麻风病人的残肢；细心地从难民溃烂的伤口中捡出蛆虫……她把一切都献给了穷人、病人、孤儿、孤独者、无家可归者和垂死临终者。自1952起,特蕾莎修女和她的修道院的修女们在加尔各答的街头遍寻垂死者,将爱心和慰藉带给了400多万被舍弃街头的人。她们创造了一个奇迹,这400多万人当中,有过半数的人在特蕾莎修女等人的悉心照料下,日渐康复了。

特蕾莎修女创建的组织有4亿多资产,世界上许多的富翁都乐意捐款给她,她去世后,人们整理她的遗产时发现,她一共只有三套换洗的旧衣服,她只穿凉鞋没有袜子;在她居住的地方,唯一的电器就是一部电话。

满脸皱纹、瘦弱文静的特蕾莎修女在1997年9月去世后,印度政府为她举行了国葬,成千上万的人冒着倾盆大雨涌上街头,为她的离去而流下了悲伤的眼泪。

没有爱的世界将会是一个悲惨的世界。许多女人之所以不能深刻透彻地认识生命,是因为她们还没有意识到爱人的快乐。人与人都是以心交心,以心换心,爱人的心,自然会被人所爱,而且一个心中有爱的女人是最楚楚动人的。

一个女人富有宽博的爱心,自然能够设身处地为别人考虑问题。爱,不仅仅局限于通常的情爱;宽容大度,给别人多一点同情和理解,也是一种爱。

爱从来都是相互的,仁爱之中的仁字,表明爱绝非单一的载体。施爱于对方,爱就成为一种情感力量,推动主体心灵美的升腾;而受爱者所领略的是人世间最纯净无私的心灵,在这种感染下,他也会施爱于人的。所以,爱是沟通人际关系的桥梁,是和谐人际关系的中介。

爱是女人一生都要学习的一门学问,女人被别人爱不难,难的是学会怎样爱别人。只有学会爱,你的爱才会持久,魅力才能在你身上永存,气场也才会强大而持久。

4. 用感恩的心对待生活

"活着真累""生活真苦""社会太乱""人情太淡""现实残酷"……诸如此类的抱怨常常在我们的耳边响起,仔细想想的确如此。可是如果活着不累,生活不苦,社会不乱,人情浓厚,现实理想……一切都朝着好的方向发展时,抱怨就会消失吗?我想很难,因为人性有许多的弱点,"人心不足蛇吞象"就是其中之一。所以要想消除抱怨,并不是满足人们的一切需求就可以的,而是要人们懂得感恩。

英国作家萨克雷说:"生活就是面对一面镜子,你笑,它也笑,你哭,它也哭。"你感恩生活,生活将赐予你灿烂阳光;你不感恩,只知一味地怨天尤人,最终将一无所获。幸福时,感恩的理由很多,殊不知不幸时更应该感恩生活,它使我们得以成长,激发我们挑战困难的勇气。

一个自小就患脑麻痹的女人,失去了肢体的平衡和说话的能力。然而,她昂然面对现实,创造了许多的不可能,最终获得了美国加州大学艺术博士学位。有一次,一个记者在采访中问她:"你从小就长成这个样子,你怎么看自己,有没有怨恨过呢?"只见她在纸上写道:"我的腿长得很美;爸爸妈妈爱我;我会画画,会写稿;还有……"她将自己的不幸通通抛下,把自己的人生定义成幸福的。最后,她写下这样一句话:"我感谢生活赐予我的一切,心怀感恩让我拥有了坚强的力量,拥有了成功的希望和动力。"

没有一个人的人生是一帆风顺的,生活的苦辣酸甜每一个人都要品尝;人生的四季也不可能只享受春天,有温暖的春天也必会有寒冷的冬日。每个人的一生都注定要跋涉沟沟坎坎,品尝苦涩与无奈,经历挫折与失意。

尽管如此,我们仍要心怀感恩。因为艰难险阻是人生对我们另一种形式的馈赠,坑坑洼洼也是对我们意志的磨炼和考验。落英在晚春凋零,来年又灿烂一片;黄叶在秋风中飘落,春天又焕发出勃勃生机。

在人生路上,试着放下你的抱怨。事事追求如己所愿,是不大可能的,因为在这个世界上,没有完美。也不要总是抱怨事情的不顺,抱怨世道不公,抱怨别人对自己的骚扰,抱怨他人做得不好,这些是最没用的。

抱怨人人都会,但从抱怨中得到好处的人却从来没有。事实上,在抱怨中,真正受到伤害的并不是被抱怨对象,而只能是抱怨者本人。不仅如此,抱怨也是一个人最懦弱的表现,它只会让抱怨的人更加不如意,内心增添更多的愤慨,所以与其抱怨,不如感恩。对生活怀有感恩的人,即使遇上再大的灾难也能熬过去。而那些常常抱怨生活的人，即使遇上了幸福，在他们那里也会变成不如意的事情。所以，我们应该以一种感恩的态度去面对一切，把自己摆在别人的位置上，站在对方的立场上看事情，也许这样会更容易理解对方的观点和举动，在多数的时候，一旦你这样做，那么你的抱怨不仅会烟消云散，也不会迁怒于人。

感恩是一种美好的心境，是女人心灵的净化剂，是女人魅力气场的原动力和内驱力，女人要学会用一颗感恩的心对待生活中的点点滴滴。

（1）感恩父母。

父母是你来到这个世界之后一直陪伴左右的人。他们会在你伤心难过时，陪在你身边，为你加油，给你鼓舞与支持；在你成功时，站在幕后，默默为你高兴。他们的爱很平凡，却比一切情感更长久，更贴心。女人在岁月的河边沿河行走，有了父母大爱的滋润浇灌，才不会感到孤单。感恩父母，就是自己在外面潇洒时，想想父母在家里是否感到孤独。

（2）感恩身边人。

无论是谁，只要曾经在你的生命里出现过，给过你帮助，给过你恩惠，哪怕是微不足道的，你就应该心存感恩。得到别人帮助时心存感恩，就会让你在别人遇到困难时伸出援助之手；与朋友发生矛盾时心存感恩，就会让你想起往日他对你的关心帮助，化解心灵的隔阂，使友谊常在。

（3）感恩生活。

对生活心存感恩，就不会有太多的抱怨。世上没有十全十美的事物，许多事情往往都是双刃剑，若女人只看到刀刃的一面，受伤的永远是自己。

（4）感恩工作。

对工作心存感恩就会忠诚敬业。即使是为公司做出了巨大贡献，女人也不应居功自傲、目中无人，仍要心存感恩，感恩你和公司一起成长，感恩公司为你提供了施展才能和抱负的舞台，感恩领导对你的信任、重用和同事对你的大力支持。在你向着既定目标努力奋斗的过程中，只有心存感恩，才能获得继续前进的内驱力。

（5）感恩自然。

四季交替中，女人会感受到大自然不同的呵护和关爱。寒冷的冬日，早晨第一缕阳光透过窗户照在你的床头，你会感到那仿佛母亲温暖的手抚摸着你；夜晚来临，月亮像个多情的人，将一片幽辉撒在你的床前，静静地听你诉说心中的话。蓝天给你以自由遐想，大海给你以深沉雄浑，草原给你以宽广邈远，高山给你以坚毅勇敢，流水给你以柔情缠绵，这些美好会增加女人幸福感。因此，女人没有理由不对大自然心存感恩，尽自己所能去保护大自然。

女人心存感恩，就会看到生活的美好，发现自己身边的幸福，就会以更加积极的心态去面对生活，而周围的人也会因为她感恩的心而更加喜欢和亲近她，无论她走到哪里，都会受到人们的欢迎。

5. 宽容的女人最有人缘

福克斯说得好,"只要你有足够的爱心,保持尊重和宽容的心态,你就可以成为全世界最有影响力的人。"是的,没有人会拒绝一个宽容的女人,也没有人不愿与宽容的女人做朋友。因为但凡有宽容胸襟的女人,其心中必然是温暖和风,清风明月,全无半点晦暗的东西。

是的,我们必须承认要做到宽容很难,因为活在这个世界上,不管我们愿意与否,都会经历这样那样的不如意。亲友感情不睦,邻居相处不和谐,同事之间不团结,朋友之间的误会,都有可能使女人陷入悲伤、痛苦的感情沼泽,气愤、怨恨的情绪也会随之滋生。女人在憎恨别人的同时,也在自己的心灵深处种下了一粒苦果,不断地伤害着自己的身心健康,而且面对大小琐事,倘若一一计较,便会心累至极。不分昼夜地因他人而生气,待心情回转过来,再去做一番分析,便会发现生气不值,亦不必。因此,女人应以宽容的态度谅解别人的过错,消除彼此之间的误会,化解矛盾,从而使自己始终保持舒畅的心情。这样,宽容的是别人,受益的却是自己。

在人生的道路上,我们不妨学着豁达一点,宽容一些,女性朋友们可以试着从以下方面入手。

（1）学着理解别人。

当发生什么意外的事情时，不妨设身处地地站在别人的角度来思考一下，这样你或许会发现自己也应该承担一些责任。学着理解别人，体会他们的苦衷，你的抱怨和烦恼就会少很多。

（2）保持乐观。

一个悲观的人总是很容易想到事情不好的一面，而且心情比较压抑和郁闷，所以总会对别人不满或者生气。虽然有的人平时很好，可是一旦遇到什么事情就悲观起来，这也不算真正的乐观。真正的乐观是不论在什么时候都可以给自己鼓励和希望，并且相信自己。

（3）不要斤斤计较。

斤斤计较，只会让别人觉得你是个小肚鸡肠的人，只会让你觉得一时占了便宜或者没有吃亏，但是心里也很难受。如果你是一个宽容的人，就不会在乎朋友失约等小事，烦恼也就少很多。

（4）不要对自己失望。

现实生活中，没有完全相同的两个人，每个人都有每个人的社会经历和教育背景，也都有自己的处世方法和做人原则。所以不要拿别人的标准来要求自己，更不要对自己失望。

（5）放开眼光。

不要老是把眼光放在自己的小圈子里，鼠目寸光的人永远只能看到眼前的一点利益，所以要学着把眼光放长远一点。一个人要想真正实现自己的价值，仅仅局限在自己的小圈子里是不行的，必须发掘自己的潜能，为他人、为社会做出一点贡献。一个有全局意识和集体意识的人才会真正得到大家的认可和尊重。

（6）培养业余爱好。

培养丰富的兴趣爱好，多参加社会活动，多交朋友。这样一方面可以帮助你陶冶情操，培养健康的个性，消除心理压力和消极心理；另一方面也可以帮助你建立良好的人际关系，学会互帮互助，避免狭隘的心理，学会宽容。

6. 女人切忌心胸狭窄

生活中，我们经常会听见女人说"我恨死某某了！"这种憎恨心理是最要不得的。一方面，女人在憎恨别人时，心里总是愤愤不平，希望别人遭到不幸、惩罚，却又往往不能如愿，因此容易被一种失望、莫名烦躁的情绪所困扰；另一方面，女人在憎恨别人时，由于疏远别人，只看到别人的短处，言语上贬低别人，行动上敌视别人，结果使人际关系越来越僵，以致树敌为仇。而且，今天记恨这个，明天记恨那个，朋友会越来越少，对立面越来越多，严重影响女人的人际关系和社会交往，容易使女人成为孤家寡人。这样一来，女人的负面生活事件不仅越来越多，而且承受能力也越来越差，自然就无幸福可言。

有位心理学家说，"人类要开拓健康之坦途，首先要学会宽容。"人的健康包括了身、心两个方面，只有心态宽容，才是机体和精神的最佳保健方法。如果经常愤怒或生闷气，不仅不利于解决矛盾和人体正常系统的工作，而且这些不良心理与生理异常会相互影响，更容易形成恶性循环，削弱人体的抗病能力，诱导疾病的发生。

美国科学家们曾做过一项科学研究，希望得出人类宽容与健康的关系。他们针对108名大学生做了调查，调查的内容包括如果别人背叛了他们，他们的反应以及他们对宽容的一般态度等。在研究期间和之后，研究人员多次测试了这些大学生包括血压和心跳在内的主要健康指标。

研究结果表明，受试者是否属于宽容类型的人，可以从其血压状况直接看出。与那些宽容类型的受试者相比，不太宽容的受试者通常血压较高，甚至在卧床的情况下血压仍比较高。这说明，宽容类型受试者的血压情况更有益于健康。

此外，研究还表明，在某一具体情况下，受试者表现出来的不宽容态度还能对身体产生影响。研究人员表示，那些属于不太宽容类型或对一些不愉快的事情总是耿耿于怀的人，容易刺激自己的交感神经系统做出反应，从而使人总是处在高度的紧张状态中。而且，在这种刺激后，恢复平静时又很缓慢。由于这些人容易使自己处在高度紧张的反应中并会将这种紧张状态持续一段时间，所以容易患上一些慢性疾病，如癌症和心脏病等。

所以，科学家们得出结论：宽容这种平和的生活态度会给健康带来很大的益处。

人生在世，不顺心之事十有八九。生活中难免会有一些磕磕绊绊，难免会有一些误解纠纷。在民间，曾有一种说法叫作"人到中年万事休"。因为人到中年既要承受来自学习、工作等各方面的压力。同时，又由于处于好强的年龄，势必会造成过重的心理压力，最终导致很多人处于亚健康状态，甚至英年早逝。现代医学在治疗这些疾病的过程中，不仅采用药物治疗、手术治疗的方法，也越来越重视心理治疗的作用。其中，保持宽容的心态就是一种很好的心理治疗。

当然，处处宽容绝不是因为自己软弱，也绝不是面对现实的无可奈何。宽容是一种对别人和自己都无须投资便能获得的"精神补品"。宽容不是没有界线，因为宽容不是妥协、不是一味地忍让、也不是一味地迁就，宽容更多的是爱。

相传古代有位老禅师，一天晚间在禅院里散步，突见墙角边有一张椅子，他一看便知有弟子违反寺规越墙出去溜达了。老禅师也不声张，走到墙边，移开椅子，就地而蹲。没过多久，果真有一个小和尚从墙外翻了过来，黑暗中踩着老禅师的背脊就跳进了院子。当他双脚着地时，才发觉刚才踏的不是椅子，而是自己的师傅。小和尚顿时惊慌失措，张口结舌。但出乎小和尚意料的是，师傅并没有厉声责备他，只是以平静的语调说："夜深天凉，快去多穿一件衣服。"老禅师宽容了他的弟子。

宽容是一种无声的教育。当面对爱人的错误，一个女人应该不要忘了说："夜深天凉，快去多穿一件衣服。"因为一个犯了错的人也许正在他的内心谴责着他自己，当他听到这句话必定是万分的感激。所以,这样的一句话不仅教育了他,同时也完善了自己。

学会宽容,就能使自己保持一种恬淡、安静的心态。而当一个人心平气和的时候,才可能保持清醒的头脑,找出失败的原因,采取克服差错的有效措施,以便更加努力地工作。整日为一些闲言碎语、磕磕碰碰的事情郁闷、恼火、生气,总去找人诉说,与对方辩解,甚至总想变本加厉地去报复,将会贻误自己的事业,失去更多美好的东西。

学会宽容可以减轻女人心存的积郁。这丝毫无损于你的尊严,反而有助于你在漫长的生命之河中穿越平庸,让你的生命丰富而灿烂。

7. 女人谦虚才能赢得尊重

饱满的麦穗总是低垂着,自然界里不乏这样的现象。人生亦如此,谦虚的人生才是"丰盛"的人生。

日常生活中,人们惯于津津乐道自己最高兴、最得意的事。事实上,即使是你怀有最大兴趣的事,有时也很难引起别人热烈的响应,别人甚至还会觉得好笑。"那一次纠纷,如果不是我给他们解决了,不知还要闹多久,你要知道他们不把任何人放在眼里,不过当着我的面他们就不敢含糊了。"即使这次纠纷确实是你调解解决了,可是一句"当时我恰巧在场就替他们调解了"不是更让人敬佩？一件值得称道的事，被人发觉之后，人们自然会崇敬你。但假如你自己不讲究技巧，一味地夸夸其谈，最后必然会遭到大家的蔑视。

美玲是人如其名，1.70米的身高、俊俏的脸蛋、苗条的身材，怎么看都是一个十足的美人，更为重要的是美玲还能讲一口流利的英语，这也是她最为得意的资本。刚进公司的时候，上司陈娜对她很亲切，但在一次跟外商谈业务的聚会上，美玲出尽了风头，她得意地用英语跟外商海阔天空地交谈，并频频举杯。她以她的高贵与美丽成了整个聚会上的焦点人物，而把上司陈娜冷落到了一边。聚会结束没多长时间，美玲就被调到了一个不太重要的部门。

美玲一点不谦虚的表现，让上司陈娜沦为配角。她在公众场合喧宾夺主，旁若无人地与上司抢"风头"，使上司陷入尴尬的处境，上司当然不愿意把这样的下属留在手下了。

一个智慧的女人知道什么时候该表现自己，什么时候该收敛自己；一个收放自如的女人，一定是一个有强大气场的女人。学会谦虚对女人很重要，正如明人陆绍珩所说：人心都是好胜的，我也以好胜之心应对对方，事情非失败不可。人情都是喜欢对方谦和的，我以谦和的态度对待别人，就能把事情处理好。

有一位在一流企业担任要职的领导荣升为经理，在就职发言中她说道:"我一向对数字感到头痛,所以以后还请大家多多帮忙!"

就这一句话,把为了迎接能干的经理而战战兢兢的属下们的紧张感一扫而空。但是,后来的情形却恰恰相反。当属下提出书面报告时,她一眼就看出了差错:"这地方数字有错哟!"她若无其事地督促其注意。这个指正其实很细微,但却相当重要。这样继续一段时间的话,便会给下属留下这样的印象:"这经理明明说她什么都不懂,其实相当不含糊呢。"

想赢得他人的好感,就应适当地隐藏自己的实力。因此,女人应该学会谦虚。谦虚是一种好品质,它可以帮我们赢得他人的尊敬。

做一个谦虚的女人,要注意以下几点:

(1)谦虚不是谦让。

要谦虚,但不能太谦让。谦让是一种好品格,但在社交场合中若谦让太多,常会与很多机会失之交臂。在交际中,很多人的缺点就是谦让太过。把好多事推给别人,常表现为"口欲张而嗫嚅,足欲行而趑趄"的犹豫不决,这样就丧失了很多机会。

(2)谦虚不等于太多礼貌和客气。

与人来往应当注意礼貌,尤其是刚认识的朋友。但是过分的客气却像一道无形的墙,妨碍双方的进一步交流。人之相交,贵在知心。

(3)谦虚不等于太多自责。

对交际中的失误常做检讨,以便及时纠正,当然是好事。但过分自责无异于因噎废食,作茧自缚。因为,任何人在交际中都不可能完全没有失误,即使是德高望重的领袖人物,失误也在所难免。当你自责不已时,那些在场的人士或许对你的失误早已忘却了。更何况,当你下次以新的形象出现在交际场合,且一一纠正了对以往的失误时,大家自会对你另眼相看。

8. 不用别人的过错来惩罚自己

如果你刚穿上一件新买的高档时装出门,忽然被身边一辆疾驰而过的汽车溅了一身污水,你会不会火冒三丈?无论是谁,遇到诸如此类的事情,都难免气愤和恼火。在所有不愉快的情绪中,愤怒似乎是最难摆脱的。

对人的生理研究表明,人在发怒时会有一系列的生理变化,如心跳加快、胆汁增多、呼吸急促、脸色改变,甚至全身发抖。愤怒的人常会在内心演绎一套言之成理的独白,而且越来越生气,最后一下子冲破理智的控制,不计任何后果地一下子发泄出来。但发泄其实是一种最糟糕的方式。你可以想象一下,在失控的情况下,情绪暴发会给你的形象造成多大的破坏,可能会让原来认为你温文尔雅的人一下子改变对你的印象。事后你可能也很后悔,觉得不该那么冲动,事情本来可以以另一种方式处理的,但世界上是没有后悔药可吃的。因此我们应该学会控制自己的情绪,学会尽量不发火而把事情解决好。

女人是感性的,其情绪特别容易被外界的事务所影响,一片落叶、一朵花都会让她们在心中感怀良久。面对生活中那些层出不穷的麻烦事,女人最容易发怒。所以,学会控制自己的情绪对女人来说特别重要。

古时有一个妇人,特别喜欢为一些琐碎的小事生气。她也知道自己这样不好,便去求一位高僧为自己谈禅说道,开阔心胸。

高僧听了她的讲述,一言不发地把她领到一座禅房中,落锁而去。

妇人气得跳脚大骂。骂了许久,高僧也不理会。妇人又开始哀求,高僧仍置若罔闻。妇人终于沉默了。高僧来到门外,问她:"你还生气吗?"

妇人说:"我只为我自己生气,我怎么会到这地方来受这份罪。"

"连自己都不原谅的人怎么能心如止水?"高僧拂袖而去。过了一会儿,高僧又问她:"还生气吗?"

"不生气了。"妇人说。

"为什么?"

"气也没有办法呀。"

"你的气并未消逝,还压在心里,爆发后将会更加剧烈。"

高僧又离开了。

高僧第三次来到门前,妇人告诉他:"我不生气了,因为不值得气。"

"还知道值不值得,可见心中还有衡量,还是有气根。"高僧笑道。

当高僧的身影迎着夕阳立在门外时,妇人问高僧:"大师,什么是气?"

高僧将手中的茶水倾洒于地。妇人视之良久,顿悟。叩谢而去。

何苦要生气?气便是别人吐出而你却接到口里的那种东西,你吞下便会反胃,你不看它时,它便会消散了。

生气是用别人的过错来惩罚自己的蠢行。

夕阳如金,皎月如银,人生的幸福和快乐尚且享受不尽,哪里还有时间去生气呢?

有一些女人情绪不稳定,常会为一些小事而突发其火,乱说话、乱摔东西,这就是"情绪短路"的一种表现。用电短路会损坏电器,甚至酿成火灾;情绪短路,既伤害别人也伤害自己,主要原因是自控与转移情绪的能力不强。这种能力与智能水平有关,可说是"情感智商"。

在交往中,常见到一些女人的心情犹如春、夏的气候,大起大落,变化无常。比如在公园玩得很开心,可回家后又觉生活单调枯燥而心烦,唉声叹气;与朋友团聚时热闹欢快,独自一人时又为孤寂而愁眉苦脸。时欢时苦,飘忽不定,着实叫人捉摸不透,不仅使人感到难于相处,也令自己异常难受。这种不正常的表现,是"心理斜坡"在作怪。

人的感情在受外界刺激下,具有多度性和两极性。每一种情感具有不同的等级,还有与之相对立的情感状态,如爱与恨、欢乐与忧愁等。感情的等级越高,"心理斜坡"就越大,也就容易向相反的情绪状态转化。"心理斜坡"不但使人情绪不稳而且会间接、直接地影响健康。

如何克服"情绪短路"和"心理斜坡"的不良反应呢?

首先,要重视自己的心理健康。正如古语所说,"心病还须心药医",要自觉地消除思想上的偏差,人生不可能总是高潮,更不可能事事如意,谁都要在平凡日子中生活,少不了要碰到麻烦事。关键是懂得放松自己,以平常心面对生活。只有这样,才能在不顺心时不致陷入烦恼的泥潭而不能自拔。只有善于保持良好心理状态的女人才能为自己营造出良好的生理状态,从而赢得"幸福人生"。

其次,应该勇敢地面对新生活,主动体验生活中的不同乐趣。有心计的女人既能在激荡人心的活动中体验激情的热烈奔放,又能在平淡如水的日常生活中享受悠然自得的生活情趣;既能在群体活动中感受快乐,又能在独自生活时创造充实。只有这样,才能在碰到不顺心的事或发生较大转换时,避免产生心理上的反差而诱发情绪短路成心理斜坡。

再次,适当地"糊涂"是医治情绪病的良方。对人对事,只要不是原则问题,就大可"糊涂"待之。"糊涂"者,指不必事事计较谁是谁非;不去时时考虑个人得失;不去每每分析谁占了我便宜;不去常常思量自己有没有吃亏。具有大气量的女人,才可能轻松地生活,幸福地生活。

最后,要加强理智对情绪的调控作用。古语云,"物极必反",这就是提醒我们,"乐极"与"气极""怒极"都不好,应该时刻注意保持适度的冷静和清醒。在欢乐至极时,主动降温,避免过度激情;遇苦闷或情绪转入低谷时,要换个积极的想法。事物都有多重性,受许多因素制约,多从好的一面去想,就能摆脱情绪困境。

也可用"以反制反"的办法来调整自己。如极静就外出活动一下;极闹就避开冷一冷;极闷就找人说一说……只要不断学习,坚持用正确的人生观、世界观指导自己的思想感情和行动,就能做到以理智控制情绪保康宁。古人都知道"修德"是贯穿终身的主课,难道我们活在现代的人还不明白吗?

"不如人意常八九,如人之意一二分。"一般来说,人的一生中处于逆境的时间是大大多于顺境的时间。即使是历史上的帝王将相,生活中的富豪、名人等,都有各自的烦恼和忧伤。

作为女人,要想摆脱烦恼,最好的方法是少生气。

第六章 宠辱不惊，以优雅的姿态走过生命的悲喜

女人要懂得宠辱不惊，只有这样，才不会在岁月里走向庸俗。"想"由心生，所见皆所想。心中有快乐，所见皆快乐。心中有幸福，所见皆幸福。一个知足感恩的小女人，见山山笑，见水水笑，这才是一个女人应该达到的境界。

1. 知足的女人才能常乐

追求幸福、满足欲望，是人与生俱来的本能。一个人有所追求是有激励作用的，但是不能超出自己的能力和实际情况，更不能使用违法的手段来获取。这就要求要有一颗知足的心，不能要求过高，才能保持心理的平和与快乐。

知足常乐也是道家精神修炼的重要内容。老子提倡少私心，寡欲望，知足常乐，反对贪婪的修炼思想。老子认为"祸莫大于不知足，咎莫大于欲得。故知足之足，常足矣。"

世上没有比不知足更大的灾祸了，只有知足，才能经常感到满足，身心清静，长生久视。在声色犬马、充满诱惑、尔虞我诈的古代社会里，能尖锐地提出摒除一切私欲的干扰，知足常乐以求长生久安的修炼思想，可见道家精神修炼的高境界。

司马承祯说："知生之有分，不务分之所无；识事之有当，不任非当之事。事非当，则伤于智力；务过分，则敝于形神。"又说："衣食虚幻，实不足营。……虽有营求之事，莫生得失之心。"他的意思是说，不让得失之心牵着自己的鼻子走，才能做到知足常乐。

有这样一个关于乡下老鼠和城市老鼠的故事。

城市老鼠和乡下老鼠是好朋友。有一天乡下老鼠写了一封信给城市老鼠，信上这么写着："城市老鼠兄弟，有空请到我家来玩，在这里，可享受乡间的美景和新鲜的空气，过着悠闲的生活，不知意下如何？"

城市老鼠接到信后，高兴得不得了，立刻动身前往乡下。到那里后，乡下老鼠拿出很多大麦和小麦放在城市老鼠面前。城市老鼠不以为然地说："你怎么能老是过这种清贫的生活呢？住在这里，除了不缺食物，什么也没有，多么乏味呀！还是到我家玩吧，我会好好招待你的。"

于是，乡下老鼠就跟着城市老鼠进城了。

乡下老鼠看到那么豪华、干净的房子，非常羡慕。想到自己在乡下从早到晚都在农田上奔跑，以大麦和小麦为食物，冬天还要不停地在那寒冷的雪地上搜集粮食，夏天更是累得满身大汗，和城市老鼠比起来，自己实在太不幸了。

聊了一会儿，他们就爬到餐桌上开始享受美味的食物。突然，"砰"的一声，门开了，有人走了进来。他们吓了一跳飞也似的躲进墙角的洞里。

乡下老鼠吓得忘了饥饿，想了一会儿，戴起帽子，对城市老鼠说："乡下平静的生活还是比较适合我。这里虽然有豪华的房子和美味的食物，但每天都紧张分分的，倒不如回乡下吃麦子来的快活。"说罢，乡下老鼠就离开城市回乡下去了。

一个人对生活的期望不能过高。虽然谁都会有些需求与欲望，但这要与本人的能力及社会条件相符合，不能生贪婪之心。"知足"便不会有非分之想，"常乐"也就能保持心理平衡了。我们应该像那只乡下老鼠一样，更看重自己已拥有的生活，再心平气和去改进问题与不足。对于别人的优越，你再气也于事无补，反倒是伤害了自己的身心，有什么好处呢？

对已拥有的不满足，无异于给本来已经很沉重的生活再添重负。如果没有知足常乐的心态，当周围的女人最近添置了什么饰物时，你就会向往并决心超过她；当某位女同事有了什么样的房子时，你也会在老公面前发牢骚；当邻居的孩子读了什么重点学校时，你也要攀比，让自己的孩子也去上……而当所有的这些不能得到满足时，你就会陷入严重的心理不平衡，或者为了得到它们而忘记做人的基本准则和规范，最后生活变得愈加沉重、愈加没有情趣、愈加感到压抑。

其实，生活中并没有多少永远属于你的东西。很多东西，会在我们的人生旅途中渐行渐远直至消失。比如青春，比如名利，比如岁月，比如财富……而更多东西，就在我们毫无预知中已悄然消逝，当我们回首时，连踪迹也遍寻不到，仿佛从来没有在我们的生命中出现过一样。因此，许多东西并不值得拼命去追求。

在生活中，许多东西都是能够让人知足的，只要你心存一份爱心。比如，一家人围坐在餐桌上吃可口的饭菜；边忙家务边看丈夫和儿女在一起嬉戏，让一天的疲劳在笑声中消失；闲暇时坐在自己的小天地里看看书、写写字，回答儿女总也问不完的问题；双休日和丈夫、儿女背上行囊，远离城市的喧嚣，到田野、去山间感受大自然的清新；和丈夫漫步在洒满月光的小路,闻花儿的淡淡幽香,听虫儿的低吟浅唱……这些都能让你沉浸在幸福的温馨中。

如果你是一个知足常乐的女人,拥有一份自由职业,没想过要发大财,也不追求大富大贵的生活,只希望一家人和和睦睦、平平安安、健健康康,你就会心安理得地满足于生活的每一天。你会和大多数女人一样,逛逛商店,买几套合体的衣服,把自己打扮得整洁又光鲜。或者,没事时喜欢上上网,和网友聊聊天,说说心中的快乐和烦恼、听听网友们的倾诉;也进网站读读小文章,徜徉在文章真实而感人的情节里……

2. 懂放弃的女人最聪明

想必大家很早就听过"狗熊掰玉米"的故事,愚蠢的狗熊在广阔的玉米地里一直不停地掰下去,但它掰一个丢一个,到头来手里只剩下了两个玉米。

虽然人们都嘲笑狗熊的笨拙无知,但自己却常常干着同样笨拙无知的事情。由于贪多、求全或者太急切,反而使自己顾此失彼,结果不但一事无成,徒劳无功,而且白白搭上了许多时间、精力、健康和金钱,真是赔大了!

因此,在漫长、现实,也是艰辛、严酷的人生历程中,要慢慢懂得放弃,懂得放弃应该被看作是人逐步成熟的标志,是一种美德。

大多数女人都希望自己的人生轰轰烈烈，认为生活就是需要经过大喜大悲后的刻骨铭心。然而，有的女人欣赏的却是那种淡然的心境，这还不仅仅是因为这样的无欲无求有着一种超乎常人的坦然，一种淡雅温和的松弛，更重要的是，这样的女人才能在纷乱喧嚣的尘世中找到属于自己的空间，而绝不会因为彷徨、迷惑而迷失自己，失去追求。于是，女人需要懂得放弃，因为对于每个女人而言，生活并不会是各种经历的简单堆砌。

女人这一生，不可能什么都得到，所以，女人在生活中必须明白，放弃不等于失去。今天的放弃，是为了明天的得到。人生路漫漫，不要计较一时的得与失，要知道放弃：如何放弃？放弃些什么？放弃，你就可以轻装前进；放弃，你就可以摆脱烦恼，摆脱纠缠，整个身心沉浸在轻松悠闲的宁静中。另外，放弃还会改善女人的形象，使女人更显得豁达豪爽，进一步赢得他人的信赖，让自己变得更聪明、更能干、更有内涵。

玛西·卡塞尔是美国电视史上最成功的节目制作人之一。她从1980年开始自行制作节目，次年，汤姆·温勒加入。他们合作无间，创作了《天才老爸》的高收视率，这是美国播出最久的电视连续剧，其他如《焰火下的魅力》《来自太阳系三次云》等，也好评如潮，获得多次大奖。她这样总结她的成功之路：

我非常热爱电视，早期我就很喜欢《回忆中的妈妈》和《爸爸知道最好的》两个电视节目，进入青春期时，《未烙印的小牛》中那个英俊的男主角，让我特别着迷。

在大学，我主修英国文学，对写作和表演也有些许天分。21岁大学毕业后，前往纽约闯天下。

在纽约，我找到一份工作，是在ABC国家广播公司做参观讲解员。这栋大楼是一个野心家的温床，许多人不择手段地想要得到往上爬的机会。很幸运，我几个月后就升任《今夜》节目制作助理，然而，我并不太喜欢这份工作，大多是做一些办公室的杂务，回影迷的来信之类的。

我开始转变事业方向，到一家广告代理公司的电视部门工作。我知道自己对广告工作是毫无兴趣的，然而，这却是一种很不错的锻炼机会。我们这组一共有三个人，平日的工作说起来有点像间谍，每天要观察哪个频道的哪个节目收视率最好，然后仔细分析节目的分镜时段、制作素质，向客户提供一份完整的报告，最后建议最佳广告时段，而我提出的建议大都能得到客户的肯定。但是，我始终知道，我的兴趣是制作电视节目。

在好莱坞，我认识了正要开设制作公司的罗吉，他有堆积如山的剧本需要有人帮忙审核。我决定争取这份工作，答应先免费帮助他看那些剧本，直到他愿意聘请我为止。我成功了。我在这家公司干了好几年，然而我喜欢的事业还是没有半点踪影。直到有一天，我听说ABC美国国家广播公司想要找一些有才气、有创意的人一起组成庞大的制作群，共同经营频道，我立即前往应聘。我坦白地告诉面试主考官伊塞，告诉他我已经有3个月的身孕，如果他觉得应该延长对我的考察，直到小孩出生以后的话，我没有意见。没想到他却说，我太太和我也有一个婴儿，可是我回到岗位继续工作，你呢，是不是也要和我一样？最后，他聘用了我。

我真的欣喜若狂，因为终于可以接触到电视工作的核心。当然，对我来说，这也是一个如临深渊，如履薄冰的地方，我虽然有一点小聪明，但是却没有能力处理办公室里的人事斗争，在这里，每个人不是迅速升职就是被迅速开除。我没有被开除，我在ABC工作7年，离职前，我的头衔是黄金时段节目制作资深副总经理。

我们不断生产十分有趣、充满活力和不同风格的节目，但多年后，那种充满创意的环境在慢慢消失，我觉得是自己离开ABC的时候了，我要自己创办一家电视制作公司。

我们决定不受外界干扰，在没有制作出一个我们觉得品质不错的节目时，绝不轻易推出上档。我们一共花了三年时间，才推出一个成功的喜剧系列节目——《天才老爸》，一播就播了8年，在1988-1999年，我们还创下了其他制作公司望尘莫及的成绩：同时拥有3个成功的电视节目——《天才老爸》《罗丝安娜》和《不同的世界》。

成功之路其实很长，其突出的特点就是不断选择，包括放弃一些令人羡慕的职务，如ABC黄金时段节目的制作资深经理，最后自己创业，这条路中危险很大，但有能力的女人，不妨试一下。

生命中的许多经历都会随着岁月之河的冲刷而渐渐淡去,沉淀下来的那些可能曾被你自己认为是平庸的故事却成了永恒。蓦然回首,所有的女人都会发现,有些东西的放弃当初显得是那样的难,但在现在看来,却又是那样的应该和自然,原来,放弃的过程铺就了你呈现成熟美丽的那片宽阔。

没有任何人能够为天下所有的女人决定什么该放弃、什么该留下,决策权在于女人自己,在于自己是不是懂得放弃。没有无代价的收获,为了未来的与众不同,就要放弃一些东西……

(1)打扫心灵。

女人的生命中有太多的积压物和太多想象出来的复杂以及一些扩大化了的悲痛,这些都抑制了生命能量的挥发,弱化了生活的幸福感。

经常使用电脑的人都知道,回收站是需要经常清空的,否则会占用过多的空间,影响计算机的运转速度。人的头脑也是。你不能什么都扔掉,但你也不能什么都留着。聪明的女人是善于取舍的人,是适时取舍的人,更应该明白幸福需要眼光去辨别,更需要勇气去放弃,有太多心事的女人是走不快的。

而生命的难度也正在于此,女人要不断清扫和放弃一些东西,因为"生命里填塞的东西越少,就越能发挥潜能",而清扫心灵则是一个挣扎与奋斗的过程。就像川梅的那首《赶路去》所喻示的:人生本来就是一个不断挥手的旅程,少年要告别家乡、伤心人要告别伤心地、雄鹰要告别安逸、快乐要告别悲伤。没有告别,就没有成长,要坚强,就要勇于转身。离别是为了更好地相聚。

（2）知难而退胜过知难而进。

知难而退有时比知难而进更重要，也更富有智慧。"如果一开始没成功，再试一次，仍不成功就该放弃；愚蠢的坚持毫无益处。"在正确的时机谢幕，是一切精彩演出的高潮。

结束一件事或一份感情，有时要比开始难许多。有些时候，女人明知道错了还不去改。不是你的，为什么还不放弃？知错就改，不仅是一个女人有力量、有决心的标志，更是一个女人有希望、有成就的根本。其实生活很简单，东西丢了，实在找不到，就忘了它，去找下一个。摔倒了，爬起来，拍拍灰尘，继续赶路。不能尽快地结束，就不能尽快地开始；不能很好地结束，就不能很好地开始。

知难而退对于女人来说还意味着不要后悔，因为"后悔是一种耗费精神的情绪"，后悔是比损失更大的损失、比错误更大的错误。心还在梦就在，女人就可以从头再来。从头再来也是一种人生的豪迈。

（3）慢慢老去。

每个人迟早都是要告别尘世的，但大多数人并没有感觉到死神的接近，不会想到生命过一天就少一天，每一天人都在向终点迈进。因为死是一个缓慢的过程，这个过程所经历的事情吸引了我们的注意力，反而忽略了最终的结果。

一种生活模式或者一个组织也是如此，有时候女人已经看到了它的致命缺陷，看到了它的悲剧结局，但因为它是慢慢死去的，死的过程中还保留着希望和幻想，所以便始终留恋它，为它付出心血，直到最后和它同归于尽。

许多危险都是慢慢来到的。在不知不觉中，女人已经与那些注定要消亡、要被淘汰的事物交织在了一起，女人知道和它在一起没有前途，但自己已经习惯了，除非亲眼看到它死，否则很难下决心离开。女人很容易成为习惯的奴隶，不分开，有时只是因为习惯了。

但问题是，人做任何事是有机会成本的，你选择了这个，就要放弃其他，你放弃的越多，你手中的这张牌看起来就越重要，你也就越放不下他。其实许多时候，一件事物的重要性是时间赋予的，而它本身并没有什么。

女人只有在放弃的过程中才能寻求不断地进步，不断提高自己的修养。女人要爱惜自己，不要失去了做女人的魅力。

3. 欲望越小的女人越幸福

有位名人说："欲望越小，人生就越幸福。"这句话，蕴涵着深刻的人生哲理。它是针对"欲望越大，人越贪婪，人生越易致祸"而言的。古往今来，难填的欲壑所葬送的贪婪者多得不计其数，正像《伊索寓言》里所说："有些人因为贪婪，想得到更多的东西，却把现在所有的也失去了。"

其实，我们每一个人所拥有的财物，无论是房子、车子、票子，无论是有形的还是无形的，没有一样是属于你的，那些东西不过是暂时寄托于你，有的让你暂时使用，有的让你暂时保管而已，到了最后，物归何主，都未可知，所以真正的智者把这些财富统统视为身外之物。

贪婪，是人性的恶习，贪得无厌者，终毁了自己。贪欲往往给人造成精神上无休止的压力，最终导致人的一生空虚度过。

民间流传着一首《十不足诗》：

> 终日奔忙为了饥，
> 才得饱食又思衣，
> 冬穿绫罗夏穿纱，
> 堂前缺少美貌妻，
> 娶下三妻并四妾，
> 又怕无官受人欺，
> 四品三品嫌官小，
> 又想面南做皇帝，
> 一朝登了金銮殿，
> 却慕神仙下象棋，
> 洞宾与他把棋下，
> 又问哪有上天梯，
> 若非此人大限到，
> 上到九天还嫌低。

这首诗把那些贪心不足者的贪心写得淋漓尽致，也道出了不知足者的悲哀。

那么，欲望究竟是什么呢？根据佛家思想，无论贫与富，人与生俱来都有所谓的"六欲"。

佛家所讲的"六欲"是指眼、耳、鼻、舌、身、意六种官能上追求的欲望。也就是：眼睛想看漂亮的东西；耳朵想听奉承的话，美好的声音；鼻子想闻香的味道；舌头想享受美食；身体想享受舒适的生活；意念上想追求名利、爱欲。这些美好的欲望无一不是我们每个人所喜欢的。

女人似乎天生就是一种物质动物，名牌、高档消费、流行服饰、时尚的一切，都是她们曾经幻想的。对于女人来说，物质就像酒，不仅会醉人，而且还上瘾。于是喝过了一杯，便再难罢手。为了这些，她们甚至放弃了自己的身体，用现在一句比较时髦的词语就是成了"衣奴"。因此，在朱德庸的漫画中曾经这样说：女人，就是衣服够了，衣柜却不够；等到柜子够了，衣服又不够了。

如果人一出世就向往身体上的享受，追求物欲上的满足，就会去做很多对身体有损伤的事情。物欲是不断膨胀的，而且物质的多少并不能决定快乐，有时越追求物质，反而离快乐越远。在大型商场或购物中心，时常见到女人尤其是漂亮女人刷卡时总是一副得意的模样，但她往往没有注意到身后的那位男士（男友或丈夫）苦不堪言的表情。因而，一些学者们也将女人逛商场列为男人仅次于破产和衰老之后最害怕的几件事情之一。

欲望过多，大过了身体所承受的范围，是和自然规律极不符合的，而违背自然规律必然会导致过早地走向衰亡，身体过早地呈现出衰败的征兆。

有钱的企业家和有威望的知识分子英年早逝的不少，像陈逸飞、王均瑶等都是在事业如日中天时过早离开了人世。这些事业已经步入成功的著名人士过早离开人间是令人惋惜的。按理说，这些人在完成了经济基础的建设，或者说在完成了原始积累后，此时此刻正是他们有一番更大作为和成就的时期了，应该有更多生存的智慧，更懂得如何享受生命、享受自我了。然而，他们的悲哀在于，事业的成功不是给了他们走向幸福或拥有幸福的机会和条件，而是对自己身体的榨取。因为他们为了事业远离了人生、生命和自我。

　　人的一生之中总会有这样那样的不如意，总会有这样那样的缺憾，但是即使事事如意又能怎样？也许是极度的无聊。况且人生永远不会事事如意，被贪婪本性支配着的人永远追求他们没有的东西，而对已经到手的也就不屑一顾了。因为这个原因，很多人好像在追求，其实换一个角度看看，你会惊奇地发现，你的追求目标不过是海市蜃楼而已。

　　对于多数人来说，能够做到怀着一颗平常而善良的心，淡泊名利，对他人宽容，对生活不挑剔、不苛求、不怨恨，寒不改绿叶，暖不争花红，富不行无义，贫不起贪心，这何尝不是一种练达的"往回跑"呢？

　　有所不为才能有所为，换句话说，能知足才可知不足。诸如，在物资匮乏的年代，我们会满足于一日三餐的粗茶淡饭，但我们也深深地知道，人类对于粮食的需求远远不止这些，只要条件允许，我们就会想要喝酒吃肉，吃完了还想跳个舞，向更高层次迈进。

　　同样，现在小日子过得好的人是多起来了，但不幸的是，与此同时慢性病的发病率却越来越高了，像高血压、高血脂、脂肪肝、糖尿病等逐渐趋向低龄化！据统计，在经济条件已经好起来了的所谓的"白领"中,亚健康人几乎占人群中的大多数。这表明,经济繁荣了,而人并没有进步或聪明多少。

为什么会有这么多的人得慢性病,身体趋向亚健康呢?显然,这是一种较为普遍的漠视生命和作践自己的结果。由此可知,多数的中国人对饮食、对日常起居、对生理活动、对精神调节还有极大的知识盲区和理解死角,对人、对人生还有很深的误解。

在吃的方面,吃得清淡身体是欢喜的,一碗白粥,一盘青菜,身体是可以舒服欢快的。如果肉吃得太多或菜的味道太重,身体就会觉得沉重。再加上现代生活的不良习惯和精神压力,身体难免要出问题。现代人喜欢厚味,多是心理的问题,心里的欲望太多了,欲望都发泄在嘴巴上,却忘了身体真正喜欢的是"清淡"。身体不清淡,沉重不安,心情也就厌烦不安。

减少欲望就会赢得在任何环境下都不易改变的坦然与安宁,无限膨胀自己的欲望,就使得我们的眼睛看外界太多,看心灵太少。然而,能冷静下来考虑这个问题的人不多,心情不平静,浮躁不安,身体何能健康?

生活是自己的,生命也只有一次,减少欲望,善于舍弃,才是一种大智慧。

4. 换一种思路对待财富

亚里士多德曾经说过，"很明显财富并不是我们所追求的，财富是因为其他追求而变得有价值。"财富在当今社会处于主导地位，不管是个人生活的改善、自我价值的体现，还是社会效益的达成，都以财富的增长作为衡量标准。财富不仅创造着人们的物质生活，也悄然改变着人们的精神世界。

拥有更多的财富，是今日许许多多人的奋斗目标。财富的多寡，也成为衡量一个人才干和价值的尺度。当一个人被列入世界财富排行榜时，会引起多少人的艳羡。但对于个人来说，过多的财富是没有多少用的，除非你是为了社会而创造财富，并把多余的财富贡献给了社会。但丁说："拥有便是损失。"财富的拥有超过了个人所需的限度，那么拥有越多，损失就越多。让我们看一看富勒的故事，就会明白财富越多，并不代表得到的越多。

同许多人一样，富勒一直在为一个梦想奋斗，那就是从零开始，而后积累大量的财富和资产。到30岁时，富勒已挣到了百万美元，他雄心勃勃，想成为千万富翁，而且他也有这个本事。他拥有一幢豪宅，一间湖上小木屋，2000英亩地产、快艇和豪华汽车。

但当他拥有这一切的时候，问题也来了：他工作得很辛苦，常感到胸痛，而且他也疏远了妻子和两个孩子。他的财富在不断增加，他的婚姻和家庭却岌岌可危。

一天，富勒在办公室突发心脏病，而他的妻子在这之前刚刚宣布打算离开他。他开始意识到自己对财富的追求已经耗尽了所有他真正珍惜的东西。他打电话给妻子，要求见一面。当他们见面时，两人都泪流满面，他们决定消除掉破坏他们生活的东西——他的生意和物质财富。

他们卖掉了所有的东西，包括公司、房子、游艇，然后把所得捐给了教堂、学校和慈善机构。他的朋友都认为他疯了，但富勒从没感到比此时更清醒过。

接下来，他们夫妻二人开始投身于一项伟大的事业——为美国和世界其他地方无家可归的贫民修建"人类家园"。他们的想法非常单纯，"每个在晚上困乏的人，至少应该有一个简单体面，并且能支付得起的地方用来休息。"美国前总统卡特夫妇也大力地支持他们，穿工装裤来为"人类家园"劳动。富勒曾经的目标是拥有1000万美元家产，而现在，他的目标是为1000万人，甚至为更多人建设家园。目前，"人类家园"已在全世界建造了6万多套房子，为30多万人提供了住房。富勒曾为财富所困，几乎成为财富的奴隶，他的健康和妻子差点儿被财富夺走。而现在，他是财富的主人，他和妻子自愿放弃了自己的财产而去为人类的幸福工作。他自认是世界上最富有的人。

当然，这个例子并不是说拥有财富就不快乐，散尽财富才快乐，而是说我们对待财富的态度应该是"不要追求显赫的财富，而应追求你可以合法获得的财富，清醒地使用财富，愉快地施与财富，心怀满足地离开财富。"这就是培根的建议，这是大师指给我们的对待财富的建议。智者会巧妙地利用财富获得快乐，愚者最终也未必真的得到财富。

现在不少人急于发大财，结果不是被骗就是去搞歪门邪道，甚至不惜铤而走险，以身试法，比如制假贩假、盗版走私、做毒品生意，甚至杀人越货。他们完全成了金钱的奴隶，财富对于他们如同绞索，他们越是贪求，绞索就勒得越紧。一个贪官说，他每当听到街上警车鸣笛，就生怕是来抓他的，惶惶不可终日。这样的不义之财再多，又有什么乐趣呢？

当然，我们并不是一概排斥财富，并不是说追求财富就是错的。我们厌恶和蔑视的是对财富的过分贪求，以不正当手段聚敛财富。我们所追求的并不是贪婪的掠夺品，而是一种行善的工具，是在追求财富过程中得到的快乐和满足，这才是我们对待财富应该持有的态度。如果我们不惜使用各种手段去获得财富，那最终也会成为财富的奴隶，永远都不会满足，永远都不会获得快乐。

当你认为拥有许多的财富时，其实财富本身就只剩下一个数字。换一种思路对待财富，这就是与其守着这个数字，还不如让这个数字发挥更大的作用，也就是让财富创造更大的价值，为人类做出更大的贡献，你会从中获得更多的快乐。

5. 虚荣，死要面子活受罪

虚荣心是以不恰当的虚假方式保护自己自尊心的一种心理状态。从心理学角度说，这就是人扭曲了的自尊心，它属于人的性格方面的情感特征，同其他情绪的发生一样，虚荣心也取决于人的需要。人的需要是有层次的，但也因个人的性格、气质、理想或目标的不同而显示出差别来。一般而言，虚荣心是与人的自尊心相联系的，虚荣心强的人自尊心也强，要求自己在群体中有较为显耀的位置。越是虚荣心强的人越是需要别人赞美，因为赞美能给他们带来渴望的荣誉和自尊心的满足。一旦他的虚荣心得不到满足，在心理上会处于一种失落、匮乏和紧张的状态，容易造成对他人的对立，引发攻击性和过激性的行为。

虚荣心人人都有，但总体来说，女性的虚荣心比男性强，因为女性比男性的自尊心更强。女人喜欢别人说她年轻、漂亮，尽管她已过不惑之年；女人还热衷于炫耀自己的社会地位以及自己多么富有；女人总是用脂粉之类的东西企图填平岁月留在脸上的沟壑。她们对时尚杂志刊登的化妆品广告趋之若鹜，用钱来包装自己的门面。但这一切总是不能如愿或不尽如人意。女人追求唯美的心态是无可指责的。对完美的向往，是造物主赐予她们的礼物，她们可以用这礼物保护自己，但也可以毁灭自己。

《中国式离婚》就是个典型的例子。剧中的女主角林小枫不甘于过平淡的生活，常常鼓励丈夫去外资医院就职，可是当丈夫真的在外资医院当上副院长春风得意、满足了她的虚荣心时，她又开始起疑心，整日疑神疑鬼，唯恐丈夫在外招蜂引蝶。为此，她从一位优秀的小学老师变成了专职家庭主妇，闲暇时间多了下来，她更是把自己的大部分时间用在琢磨自己的丈夫上面，翻看手机，掏口袋，挨个儿拨打丈夫手机上的号码，非要揪出一个莫须有的她心中想当然的第三者。于是夫妻间开始了争吵，气病了父母，伤及了孩子，两人的关系也渐渐开始恶化。最后，以两人离婚为结局，林小枫也从此结束了曾经幸福美满的10年婚姻生活。

众所周知，在现实生活中这种虚荣心没有任何实际意义，只会助长一股虚伪的风气，就像假面具舞会，每个人都不以真面目示人。我们不妨想一想，如果每个人都戴着虚荣的面具生活，那么我们又到哪里去找真实呢？保持自我的真性，不陷于贪欲和相争，这或许不合时宜，但是，应该说这是舍弃虚荣心的明智之举。

一般来说，女人可以从以下几方面克服虚荣心。

第一，树立正确的人生观。一个女人的价值如何，不在于她的自我感觉，而在于她行为的社会意义。女人只要树立正确的人生观，具有远大的人生目标，就不会为一般的荣誉、地位和一时的虚荣所缠绕，而是为更高的价值努力奉献。

第二，正确对待荣誉。每个女人都需要成就、威望、名誉、地位和自尊，但这一切都应当与一个女人的真实努力相符。例如，一个女人想要取得工作业绩，就必须通过自己的努力认真工作，用欺骗手段赢得的"荣誉"是虚假的、不光彩的，这样不仅得不到别人的尊重，还会受到他人的蔑视和否定。

第三，正确对待舆论。女人生活在社会这个大群体之中，总免不了要接受别人的品头论足。但对于舆论，女人要提高辨别是非能力，正确的应当接受，对于不正确的要给予纠正，绝不可凡事人云亦云，被舆论左右。

第四，要有自知之明。女人不仅要看到自己的长处和成绩，也要看到自己的短处和不足。只有采取实事求是的态度，才能避免过高地估计自己，从而克服虚荣心理。

6. 懂得装"傻"的女人最幸福

什么是幸福的女人，什么是令人满意的生活？有的时候你自己也会把自己弄糊涂。

如果你对老公失去了信心，真的不想要这段婚姻，那么不妨较真儿，计较到彼此受伤，计较到婚姻受损。如果不想对这段婚姻放手，那么不妨试试装傻。这样说并不是让谁去忍气吞声，而是换一种思维方式。

在这个世界上，真正的傻女人不会得到幸福，过于聪明的女人也容易失去幸福，只有那些懂得装傻的女人才最幸福。

人常说"傻人有傻福"。其实，这里所说的"傻"不见得是真傻，只是这个人比一般人更懂得把握时机和尺度，知道什么时候该傻一点、糊涂一点，什么时候该聪明一点、精明一点罢了，那些外表迷糊而内心机敏的女人，才是真正聪明的女人。

装傻不是让你时时演戏作假，处处算计别人；装傻也不是让你唯唯诺诺，凡事都忍气吞声。有时候装傻，是为了让事态趋于圆满；有时候装傻，是为了缓解尴尬的局面；有时候装傻，是为了获得更多小女人式的宠爱；有时候装傻，只是为了将自己的心态调整到一种单纯的境界。

装傻还得有节度，有些小事可以宽容大度忽略不计，触到原则性问题不能忍让的，还是要做出有力反击。在美国有一本畅销书叫作《"好"女人有人疼》，其中所宣扬的观点就是：放弃控制，做个"微软"的女人。其实，这就是在看似让步的大愚蠢里暗含着大精明，而这样也恰恰是一种智慧之道。因此，一定要记住：精明，藏在心里就好，不必写在脸上！

2008年入夏，一位名叫曾馨莹的女舞者走进了人们的视线。

当然，人们关注她不是因为她漂亮的脸蛋或是性感的身段，而是因为这个小舞娘以光电般的速度和烈度套牢了台湾首富郭台铭的心。迅速恋爱、迅速结婚，在最短的时间内，曾馨莹打败了周围所有各色美人和各种名媛，一举俘获了郭台铭这个极品男人的心。

这曾馨莹何许魅力？在很多人看来不可思议，甚至连郭老板过往的绯闻女友也有些不解。她论气质不及刘嘉玲，论美艳不及关之琳，论性感不及林志玲，最终竟能突出重围，独占了郭太太的宝座。

外人纳闷不妨事，郭台铭却有他的理由：因为她的身上闻不到钱的味道！

一语惊醒梦中人！令无数爱财爱势的女人败得落花流水！

当然，不要相信曾馨莹真的不爱钱，这世上没有不爱钱的女人，更没有离得了钱的女人，嫁款爷、住豪宅、开名车、穿名牌……再平凡的女人也偷偷幻想过这样的场景。如果真不爱钱，自然会有比郭台铭更年轻、更合适的对象等着她。但是，爱钱的女人不把"钱"字写到脸上，这才是人生的高境界！

纵观那些失败的女人，不是因为她们不够聪明，不是因为她们不够美丽，恰巧是因为她们的脸上写了一个大大的"钱"字。这样的一张脸，不论何种男人都会一见胆寒。然而，女人总是不懂这样的道理，总把人生目标定得太明确，从心里到脸上一丝不落。于是乎，她们总是遇不上梦想中的"优质男"。

"执子之手，与子偕老"是每一对恩爱夫妻最期待的幸福，男人通过征服世界而征服女人，女人通过征服男人而征服世界。男人的武器是才智，是能力，是魅力，也可以是权力、地位和金钱。女人的武器更多，男人的武器她们都有，但她们还有更多，包括她们自己。

作为一个女人，最大的悲剧在于她不需要男人来保护！因为这样她会丧失很多恋爱的机会。毕竟，男人，尤其是优秀男人，依旧更会钟情于柔情款款的女人！

婚姻就像一件袍子，无论多么光鲜、多么艳丽，在柴米油盐的浸润中，也会产生污垢、灰尘、褶皱，时间长了还有可能破一个窟窿。旧的衣服，可以随手扔掉，买一件新的，但婚姻不能这样随意，还是要"洗洗涮涮、熨熨烫烫、缝缝补补"。

一个女人太独立，在精神上太强势了，只会吓跑男人。红楼梦里温良秀雅的宝钗论容貌论才情并不输于黛玉，且因为识大体，在大观园里人人喜爱，然而宝玉何以只倾情于整天哭哭啼啼、因一点小事就把宝玉折磨得死去活来的黛玉呢？不是宝玉变态，而是和宝钗相比，黛玉的身份和性格皆是弱势的。

女人适当地放低姿态，会激起男人骨子里的英雄情结，给了男人自信，也就顺势俘获了他的心。

越是争强好胜的女人越有一种普遍的心态，总觉得男人应该是自己的"人生阶梯"，用以登高攀岩，实现自己的人生目标。女人认为这是最清醒、最不容易受到伤害的情爱心理，实际上大错特错。真正去现实中看一看，但凡那些把男人当"梯子"的女人，莫不被男人当成玩具，你的算计换来了他的一颗假心，几番交手过后，最终还是女人输了！

实际上，真能获得男人大笔物质的女人大都是那些在男人看来"无所欲无所图"的女人。但凡真正能够得到有钱男人的钱的女人莫不一脸的真诚纯善，一点心机都藏在了心灵的最里层，你看不到她占有的欲望，只看到了她傻傻的可爱，即便极品男人也纷纷被她征服。

不要以为做个物质女人就能够获得男人的物质，你以为你看穿了世事，实际上你根本不了解世事！男人才没有那么傻，他才不愿意对一个没诚意的女人认真！女人，一旦把"欲望"写在脸上挂在嘴边上,那就意味着男人的真心离你越来越远了!

女人的聪明在于,把"钱"放在心里,不要写到脸上。

7. 嫉妒是女人心灵上的斑点

女人都知道脸上的斑点让自己难看,抬不起头来,殊不知心灵上的斑点更让自己抬不起头来,那就是心灵上的自卑和嫉妒。

实际上,生活中的女人要比男人更容易自卑,而其中一个最主要的原因就是女人间的这种带着一丝嫉妒的相互注视,它让女人觉得自己永远也没有别人好。许多时候,明知事实未必如此,可总是说服不了自己走出这种没有止境的自我折磨。这样一种永无止境的自我折磨最终只会让自己变成一个喋喋不休、心胸狭窄的女人,痛苦一生。

据报载,在一个乡村里,连连发生了好几家人陆续死亡的事件。公安机关费了一番周折,才将元凶揪出。

原来,这村里有一个中年女人,丈夫离家出走后不再回来。这女人渐渐对自己的孤独生活和别人家其乐融融的生活对比产生不满,她看不得别人一家人那种亲热劲,为此竟妒火中烧。于是心生歹计,装着去帮人家老人小孩做饭，或请别人来家吃饭，伺机下毒，且是少量慢慢地下，使服食者事后慢慢加重。这样嫉妒心强的女人，一手制造了"人在家中坐，祸从天上来"的惨剧。

生活中很多女人都是如此心理，穷其一生把自己的目光集中在别的女人身上，与她们进行着无休止的比较，从身材到容貌，从工作到家庭，从老公到孩子……比较的过程中夹杂着妒忌，比较的结果是失落与自卑。

嫉妒本身并不是一件绝对的坏事，关键在于我们自觉主动地将嫉妒转化为有利于自己、有利于他人、有利于社会的良性竞争；防止扭曲为意在摧毁对方优势的行为。

嫉妒被视为人性最大的弱点，似乎一无是处。嫉妒至少是紧张的、不愉悦的，没有人能够持久地忍受它，它迫切地"要求"嫉妒者主动或被动、积极或消极地采取某些行动，减少和消除自己的紧张状态。嫉妒的减弱和消除，就其主动性、积极性方面，是期望通过挖掘潜力，充分发挥自己的主观能动性，改变自己的劣势状态，重新确立高水平的心理平衡。这集中地外显为一种良性竞争行为。

嫉妒升华为良性竞争行为，嫉妒者奋发进取，努力缩小与被嫉妒者之间的"状态差"；而被嫉妒者面临挑战，一般也不会坐视不顾，而是为保持和发展自己的优势地位迎接挑战，强化竞争。也就是说，嫉妒可能会引发并维持一种"竞争互感"现象，在"竞争互感"过程中，嫉妒双方演变而为竞争的双方，互相促进，共同优化。

嫉妒产生并促进良性竞争，从这个意义上说，"嫉妒是一种很伟大的存在。"但是，因嫉妒而采取如此积极态度和行为的人实在太少，嫉妒大量产生的是对立、仇视、攻击和破坏。古往今来，因嫉妒导致的令人扼腕叹息的悲剧绵延不绝。无怪乎巴尔扎克发出感叹："嫉妒潜藏在心底，如毒蛇潜伏在穴中。"

一个心地善良的女性，一旦受到嫉妒情绪的侵袭，往往会头脑糊涂，停止不前，甚至丧失理智，处处以损害别人来求得对自己的补偿，以致干出种种蠢事来。好嫉妒的女人由于经常处于所愿不遂的嫉妒情绪煎熬之中，其心理上的压抑和矛盾冲突所导致的劣性刺激，可使神经系统功能受到严重影响。那么，女人应该如何让自己收回嫉妒的视线、祛除心灵的斑点？

（1）关于身材和容貌。

你可以为自己开列一份长长的清单，将优点和缺点详列其中。如果你固执地认为自己一无是处的话，可以找朋友和熟人聊聊。将这张单子贴在自己的脑海中，告诉自己，自己有的，别人未必有。比如：你有一头飘逸柔顺的长发，那么，就算没有婀娜的身姿、雪白的肌肤你也就不会再伤心了。

（2）关于工作。

你也许没那么多闲工夫关心别人的身材和容貌，但公司新来的一位同事被送去国外进修却让你心猛地一沉。她有什么好，老板偏偏对她青睐有加？还有，为什么每次开会小张总能想到新的创意？还有那个刚来两个月的新同事，她很能干吗？为什么要把重要的客户都给她……

如果这些都是你的所思所想，那么你就是一个工作嫉妒者，总是用别人的成就来对照自己，得出的结论就是：我是可怜虫加倒霉蛋。

对于都市职业女性来说，工作是她们生活中相当重要的一个部分，她们有时候会忙得顾不上描眉涂唇，但绝对不会忘记关注其他女同事的一举一动。在职业女性的生活圈子里，她们之间相互对照和比较的可能已不再是谁更漂亮、谁更苗条、谁嫁了个好老公，而是升职、加薪和事业上的成就。她们可以心安理得地面对一个比她更成功的男同事，但其他女人的成就往往会让她们感到心中不安。

（3）关于婚姻。

也许你单身多年，你的男性朋友中没有一个最终牵着你走上婚礼的红地毯，所以你的目光总是不由自主地追随着那些成双入对的男女，你嫉妒甚至是有些怨恨地看着那些依偎在男人肩头的女子，尽管那个男人并不是你喜欢的类型。每次你和好友聊天，你总是没完没了地探究她对男人的看法。

当然，每个女人都渴望爱情。但为什么不把自己跟自己做个比较，让自己知道你离既定的目标是否又接近了些呢？在跟那个与你心仪已久的男人交往的过程中，你可以为自己记一份温馨的爱情日记：今天早晨他在人群中向我微笑；今天我们一起去看了场电影；他答应到我家来吃晚餐……每一个细节都在告诉你又向自己的目标走近了一步。

事实上，年轻美貌、事业有成并非女性自信心的唯一来源。人的自信也未必都建立在外在的物质基础上。更重要的是，你应该为自己培养一个健康向上的心态，才能真正地祛除心灵上的斑点，让自己抬起头来。当你真正认识自我后，你会发现，你的心情逐渐开朗，从前每次参加女友的婚礼，都让你觉得自己是个嫁不出去的女人,但现在她们找到好老公的消息如春风般拂过你心田,带给你希望:我的这一天也很快就要到来了。所以说,一个女人要想美丽一生,就应该祛除自己心灵上的这一斑点——嫉妒,只有这样,你才能逐渐走向自信,走向由内而外的美丽。

第七章 笑对困境，活出一个优雅的自己

在人生的路上，女人有一样东西不能缺少，这就是积极的心态。积极的心态是成功的起点，是生命的阳光和雨露，滋润着女人的生活；积极乐观的心态是女人生命盛开的鲜花，是女人灵魂成熟的果实。女人要活出一个优雅的自己，就必须懂得"心态决定命运"这一条人生哲理。

1. 永远保持积极的心态

一个女人能否成就人生，首先在于其是否拥有一个成功者的心态。虽然有些女人对自己的认识有一定的局限性，并会受到周围环境的制约，但心中拒做强人，注定就是弱者。有的女人宁可做个符合大众标准的女人，也不求成功，这种错觉妨碍了她们的上进。只有那些永远保持积极心态的女人，才能成就一番事业，活出自己人生的辉煌。

在中国经理人中，护士出身的吴士宏被尊为"打工皇后"。在信息产业界，她是第一个成为跨国信息产业公司中国区总经理的内地人、唯一一个在如此高位上的女性、唯一一个只有初中文凭和成人高考英语大专文凭的总经理。

1973年，吴士宏初中毕业，由于父母所谓的"政治问题"不能继续上学。一年后，她被分配到一个街道小医院当护士，用她自己的话说，那是一份"毫无生气甚至满足不了温饱的职业"。

1983年，吴士宏决定自学英语。她依靠一台小收音机，用了一年半的时间学完许国璋的三年英语教程，并通过成人高考取得英语专科学历。

1985年，吴士宏决定要到IBM去应聘。当时，IBM的招聘地点在长城饭店，这是一个五星级的饭店。她在长城饭店门口足足徘徊了五分钟，呆呆地看着那些各种肤色的人如何从容地迈上台阶，如何一点也不生疏地走进门去，就这样简简单单地进入另一个世界。

最后，她鼓足了勇气，迈着稳健的步伐，穿过旋转门，走进了世界最大的信息产业公司——IBM公司的北京办事处。她的确是个人才，顺利地通过了两轮笔试和一轮口试，最后到了主考官面前，眼看就要大功告成了。

主考官没有提什么难的问题，只是随口问："你会不会打字？"

她本来不会打字但是本能告诉她，到了这个地步，还有什么不会呢？

她点点头，只说了一个字："会！""一分钟可以打多少个字？""您的要求是多少？""每分钟120字。"

她不经意地环视了一下四周，考场里没有发现一台打字机。她马上就回答："没问题！"主考官说："好，下次录取时再加试打字！"她就这样过五关斩六将，顺利地通过了主考官的考验。

实际上，吴士宏从来没有摸过打字机。面试一结束，她就飞快地跑去找一个朋友借170元钱买了一台打字机，就这样没日没夜地练习了一个星期，居然达到专业打字员的水平。

她被录取了，IBM公司"忘记"测试她的打字水平了,可是这170元钱,她好几个月才还清。她成了这家世界著名企业的一名普通员工,可是她做的不是白领,而是一个卑微的角色,主要工作是泡茶倒水、打扫卫生,用她自己的话说,"完全是脑袋以下的肢体劳动"。她为此感到很自卑,她把可以触摸传真机作为一种奢望,她所感到的安慰就是自己能够在一个可以解决温饱问题而又安全的地方做事。

吴士宏每天除了工作时间就是学习,就是寻找着自己的最佳出路。最终,与她一起进IBM的,她第一个做了业务代表;她第一批成为本土的经理;她成为第一批赴美国本部进行战略研究的人;她第一个成为IBM华南地区总经理,还登上了IBM(中国)公司总经理的宝座。

《中国青年报》评价她说:"作为女人,她更像一个温文、安静的淑女,带着优雅的微笑和气质,她做事为人非常本色,狂潮到来时多一份清醒,逆境到来时多一分坚定。"

1998年,吴士宏出任微软(中国)公司的总经理,通过大刀阔斧地修整,使微软的业绩实现了增长。1999年6月因个人原因辞职,在IT业引起震动。后跳槽至TCL信息产业集团担任TCL集团常务董事、副总裁、TCL信息产业集团公司总裁。

吴士宏的成功,在于她作为一个普通的女人希望自己的能力得到承认,为此,她一直没有放弃,一直在努力。

如果一个女人内心深处始终认为自己是一个弱者,那么她就永远也不可能成为强者。女人想要成为强者,就要相信自己一定可以成功,像强者那样去思考和行动。

2. 坚强能改变女人的命运

不经历风雨,怎能见彩虹,一个不曾经历过挫折的人,很难谈得上拥有一个健全的人生。女人的成长,通常是由许多的挫折组成的。就如口香糖广告说,"幻灭是成长的开始。"

一个美丽的少妇投河自尽,被正在河中划船的白胡子艄公救起。

艄公问她为什么寻短见,她哭着说:"我结婚两年丈夫就遗弃了我,孩子又病死了,我活着还有什么意思?"

艄公又问:"两年前你有丈夫和孩子吗?"

"没有。那时我一个人,自由自在,多么快乐啊!"

"你现在不也是一个人,和两年前一样自由自在吗?你照样可以快快乐乐啊!"

少妇心里一震,恍如从梦中惊醒。自此,她再也没有寻过短见。

失去的也可看成是尚未得到的。与其为失去的伤心,不如追求尚未得到的。

玛丽的童年是在孤独之中度过的。由于草率成婚,这个匆忙建立起来的家庭没过多久就彻底破裂了,她不得不一个人承担起抚养两个孩子的义务。尽管她找到了一份工作,可那点微薄的工资哪够维持一家人的生活呢!

玛丽开始忧虑起自己将来的命运。她反复问自己,她是只配做个含辛茹苦地拉扯孩子、斤斤计较每一分钱的小人物呢?还是能成为自己的主宰?当她明确了自己的选择后,做出了决定:她一定要改变目前的窘境,要超越现在的自我。

于是,她进会计班学习,并找到一份好工作。白天她整日工作,晚上就去南麦塞德恩特大学上课,即使周末也不休息。

直到有一天,当玛丽发现自己对家庭装饰比较喜欢时,她就辞去了会计工作,把活动阵地移到了自己家里。她把家里布置得很漂亮,并且经常举行各种聚会。当活动进行到高潮时,她亮出各式各样的商品,然后向在场的人兜售,无疑,此举获得了成功。接下来,她成立了一个家用百货进口公司。不久,她又创建了家庭装潢和礼品有限公司,使自己跻身于商界。她的人生开始了新的篇章。

玛丽成了各种团体追逐的对象,许多社团组织都请她去演讲,好几个董事会挂着她的头衔,她还是第一位进入达拉斯商会的妇女。而玛丽之所以能取得这样辉煌的成果,就在于她在极其困难的条件下不甘于现状,决心要改变自己的生活。

用她自己的话说就是:"我相信我一定能改变自己的世界。"她把这一积极乐观的信念贯彻到行动中,结果她成功了。相比之下,既然玛丽能改变自己的生活,一般女人为什么不能?行动吧!激发自身的无限潜能,做自己命运的主宰者,女人一定能改变自己的生活!

3. 坚定信念,永不放弃

每个人在一生中都会遇到这样那样的困难和痛苦,它们既可能来自肉体,也可能潜伏在心灵深处,这时候你也许感到自己已经一无所有,只能等待失败与死亡的来临。成大事者却说其实并不尽然,来临的已成现实,而我们却可以选择在精神上屹立、思想上超脱,才可能从绝境中求得一线生机。一个能够在一切事情与他相背时仍然选择坚强的人,必定是一枚非凡的种子,因为这坚强包含着非同一般的因素,它是普通人无法做到的。

5岁的张海迪被医院确诊为患有脊髓血管瘤之后,父母不忍心看着年幼的孩子就这样倒下去成为残疾人,他们千辛万苦背着张海迪走南闯北,访遍天下名医。医院里的大夫都非常可怜这个聪慧伶俐、才智过人的孩子,只要有一线希望,他们也想尽最大的努力。在北京,医生想给张海迪做脊椎穿刺手术；但见她嫩骨头嫩肉的，又怕她承受不了那份痛苦。把长长的针头刺进脊髓，其痛苦是可想而知的，意志薄弱的成年人也忍受不住，何况一个娇小的孩子！

面对大夫的犹豫不决和父母的举棋不定，张海迪却张着小嘴坚定地说："阿姨、叔叔，不要紧，扎针我不怕，挨刀我也不怕，您把我的病治好吧，长大了，我要当舞蹈演员，当运动员……"见小姑娘这般坚强，在场的人鼻子都酸酸的。多好的孩子啊，多么坚强的姑娘啊！

脊椎穿刺手术开始了。细细的长长的针，穿过张海迪的皮肤直刺她的脊髓。针尖每前进一分，张海迪的身子都要像触电似的猛地抽搐一下。蛇咬蝎蜇般的痛啊，扯肝掏胆般的痛啊，张海迪咬着嘴唇，额头上滚着豆粒般的汗珠。大夫的手颤抖着，进针的速度慢了。张海迪却喊着："阿姨，您扎呀！您扎！您扎呀！"站在一边的妈妈看针扎在女儿身上，却似穿透她的脊髓，她不忍看这情景，慌忙跑到门外，独自压抑着痛苦的呜咽。"妈妈，您干吗呀？您别哭，我不痛，一点也不痛。"小海迪勉强咧开嘴微笑了一下。见此情景，妈妈用袖口抹抹发红的眼睛，脸上也不自然地露出了笑容。

少年时代无数次治疗的尝试，尽管没有从根本上解决张海迪的病痛，但在一次次战胜痛苦折磨的过程中，张海迪学会了在病痛来临的时候选择坚强，这已成为她人生的宝贵财富。当你尝试着选择坚强、面对光明，阴影就会逐渐离你而去。一个在身处困境时仍能够保持良好精神状态的人,比那些一遇到挫折就灰心丧气的人更容易取得成功。

张海迪知道自己的身体条件是无法与别人相比的,又加上经常身受病痛的折磨,生命的长度也无法预知,因此要想有一番作为,使自己的人生变得充实、丰富,就必须利用一切机会充分发挥自己的优势,坚持不懈地挖掘其他人不具备的成功因素。在某一点上的不足,并不等于自己一无是处,只要你能够紧紧地抓住一点,就可能以点带面、以面促点地获得总体突破的机会。

张海迪家原有三个大书架,里面被书塞得满满当当的,张海迪的父亲把书架廉价卖给了废品站。正处于求知高峰期的张海迪从妹妹那儿得知在楼梯洞子里堆满了大量的书籍时,不由得怦然心动。

一天,妹妹小雪从学校回来了,张海迪喊住了她:"妹妹,帮姐姐个忙,到楼底下给我'偷'本小说来。"

小雪勉强答应了,妹妹刚到家,张海迪就急不可待地叫妹妹从裤腰里抽出书,她接过来一看,一本是《林海雪原》,一本是《苦菜花》。以后,小雪又数次"出击",为姐姐"偷"来了各种各样的书,有文艺的、有科学的、有中国的、也有外国的……

当自身的条件不如别人的时候,要想有一番作为,更要努力挖掘其他人不具备的成功素质,以求找到突破的机会。当普通人认为书籍是"乌七八糟"的东西时,张海迪却千方百计地寻找着它们。

当有些人正忙于清理"垃圾"时,张海迪却徜徉在知识的海洋里。重病缠身的张海迪根本就没有条件像正常人一样跨进学校的大门,但她具备在当时的条件下许多普通人没有的素质:渴求知识、热爱书籍。在对知识的追求过程中,张海迪逐渐弥补了未能上学的劣势。她的努力完全是发自内心的,是一种自觉自愿的行动,它的力量不知要比被动式的读书、求知大多少倍,这也是张海迪能够获得许多正常人难企及的成就的重要原因。

挫折是每个人的生活中不可避免的,一个人的生活目标越高,就越容易受挫折。挫折对弱者来说是人生的重大危机,而对强者来说则是获得新生的绝好机会,他们会要求自己战胜挫折,把自己锻炼得更加成熟和坚强。如果说生命是一把披荆斩棘的"刀",那么挫折就是一块不可缺少的"砥石"。为了使青春的"刀"更锋利些,有志者应该勇敢地面对挫折的磨炼。

全家人从农村返回莘县县城后,张海迪最想要的就是工作,她盼望能早日成为自食其力的人,但由于身体条件所限,张海迪一直待业在家。为此,她曾给党中央、国务院、省委写信,请求他们关心一下残疾人的生活与工作,可是一封封信都石沉大海,一点音讯也没有。张海迪的情绪已经跌入了谷底,特别是当她无意间发现了自己的病历卡上"脊椎胸五节,髓液变性,神经阻断,手术无效"赫然映入眼帘时,正被失业所困扰的张海迪甚至萌发了轻生的念头。

后来在家人的帮助下,张海迪的情绪逐渐稳定了下来。她首先分析了问题的根源：自己绝望的念头是在空虚、闲散、无所事事的情况下产生的。过去在尚楼，怎么会觉得生活是那样充实呢？那时，我的下肢不也是瘫痪的吗？眼下，自己的大脑和双手依然健在，自己有什么理由因躯体的局部残疾而毁掉健全的另一部分呢？她在心中暗暗地发誓："病魔把我变成了残疾，我偏不屈服，干脆就和病魔作对。"

张海迪仔细回顾了自己行医的经历，可以说是热情多于科学，对不少病症的发病原因不甚明了，治好病带有偶然性，治不好囿于盲目性。

她不满足于对确定的病症仅限于针灸治疗，她要下决心学习诊断和药物学。于是，她开始阅读大量的医学专著，她先后读了《针灸学》《人体解剖学》《生理学》《内科学》《外科学总论》《实用儿科学》《临床医药手册》等几十种医学书籍。

读一般的文学作品易，读专业书难，读医药书籍更难，何况张海迪还是个残疾人。张海迪身体的主要支柱——脊椎，历经了几次大手术，摘除6块椎板之后，当时已严重弯曲变形，呈英文"S"形。为了减轻脊椎的压力，张海迪看书时，必须将身体俯在桌子上，用双肘支撑起整个身体的重量，久而久之，张海迪的肘关节处起了厚厚的老茧，书桌上的油漆先是脱落，后来竟留下了两个大坑。张海迪艰难地摊开几本医学专用词典、参考书，来回地翻动，几分钟才弄懂一段文字，半天看不完一页书。一步三回头，三步一停留，阅读之艰难，真像登山运动员向主峰进发，每前进一寸，都要调动全身的力量！

为了获得实践经验，张海迪开始解剖动物，做各种生理实验。看见妈妈买回的猪内脏，张海迪就找来了爸爸的刮脸刀片，一点一点、一丝一丝地切开，研究心、脾、肺、肾的结构，分析胃、胆、肠、胰之间的联系。有好几回，经张海迪之手的猪内脏都被弄得稀烂一堆，像切碎的肉馅一样。为了弄明白动物肌体的功能，她解剖过活家兔；为了弄清动物的神经效应，她让朋友们捉滑溜溜的活青蛙作标本。家里每次杀鸡、宰鹅她都不放过机会，亲自用刀解剖，弄得桌上、床上、身上、手上到处都是血迹。

知识给张海迪插上了翅膀，她在攀登医学高峰的道路上一点点地前进着，张海迪也从失业的绝望中重新站了起来。不久，"张氏医寓"的牌子正式在莘城挂了起来，张海迪那小小的卧室既是诊断室，又是治疗室，一间十来平方米的房子，常常被挤得水泄不通。

信念是牺牲，是勇气，是永不放弃，而并非侥幸的获得，梦幻的拥有。

首先你需要自我检讨一下，自己对人生的信念是不是缺少了什么。比如你有梦想，也确立了目标，却一直无法实现你的信念。请时刻牢记，信念是需要行动来实现的，行动是需要勇气来实施的；畏缩，是无法让你实现信念的。

不要畏惧你在行动时可能遇到的挑战，事实上我们每个人都有做英雄的潜能，却因为自我怀疑而浪费了这种潜能。其实你是拥有这些品质的，需要的只是有勇气并且能行动起来，使你的信念有发挥的机会,你才能真的有可能实现它们。

作为新世纪的女性,我们也要培养自己的勇气,而且要从小事做起,因为生活是由小事组成的,大信念也是由小信念组成的。能在小事上培养勇气,我们就能拥有对大事采取行动的勇气。

其实信念和勇气都是人的本能,只要留心我们就能感觉到自己具有表现信念和勇气的需要,而这种需要会让我们实现梦想。

4. 女人,要对沮丧说不

沮丧似乎是司空见惯的现象,但如果长年沉浸在沮丧之中不能自拔,却又习惯把责任一股脑全推给别人的话,那么这样的女人便让人不敢恭维了。面子人人都要的,尤其是女人,有时看得比生命还要重要。

女人的情感是脆弱的。脆弱得禁不住几声瑟瑟的颤音,眼泪已先湿了衣襟;脆弱得如一片枯叶淋了一夜秋雨;脆弱得"不死已知万事空"。

沮丧是比孤独还要凶狠的敌人,它认准了女人的弱点,毫不留情地咬上一口,轻则伤口血淋淋的,重则把你的斗志消磨殆尽。

著名心理学家A.阿德勒曾说:所有失败者——罪犯、酗酒者、自杀者、堕落者、娼妓等等，他们之所以失败，都是因为他们缺乏从属感和社会兴趣，从而对生活产生强烈的沮丧情绪。他们在处理职业、友谊和性等问题时，都不相信这些问题可以用合作的方式加以解决，于是对现实充满失望感。

一味的沮丧和自怜，不但无助于恢复破碎的自我，而且往往会带来更残酷的现实。她本来可以更光彩照人，可如今看起来却无精打采；她本可以获得很好的社会地位，可如今却依然默默无闻。丈夫对她的苦瓜脸已十分不满，孩子也很难在同伴面前学妈妈的笑，她的沮丧同样传染了家人。

沮丧者自己也大都在挣扎，并很想求助于别人，可是孤独和害怕被拒绝的心理使她们往往不敢低首求人。由于自卑，她们也无法正视自己的脆弱，只好披上一件快乐的外衣来掩饰自己。因此，除了丈夫和孩子等家中亲人，周围的人往往无法窥探她们的内心世界，因而也很难给予她们帮助。

沮丧的心理主要是由于遭受的挫折和坎坷太多造成的，一时对自己失去自信，对前途感到渺茫。强烈的自卑心理，使她们把自己的压抑紧锁心头，不敢释放。同时，由于对失败的惧怕而变本加厉地爱面子，以为这样就可以保存可怜的自尊。

沮丧情绪常常会扩大生活的不幸范围。所以对被持续强烈的沮丧情绪困扰的女人来说，很有必要接受一定的心理治疗，但有些女人又常常不愿意承认自己有心理问题，对心理咨询和治疗持拒绝排斥的态度，这是令很多心理学家更为担忧的。

有的女人在沮丧中开始对他人冷漠，认为这样可以报复别人，其实这样不但无助于消除沮丧，还会进一步损害自己。这样做，无论在肉体上、精神上都将进一步影响自己的情绪，使自己无法坚强地面对现实。从生理学的角度讲，冷冰冰的面孔容易使女人失去宝贵的青春光彩。

在生活中，每个人都会有沮丧的时候，但沮丧并不是不可克服的。拿出勇气改变自己的生活状态，找出引起沮丧的原因并努力设法改变它。

像对待所有其他的不幸后果一样，对于不幸带来的沮丧，我们也不应听之任之、自怨自艾、破罐破摔，而要振作起来，勇敢地面对现实中的一切挫折和困难，而不应让它像草一样在心田中疯长。

高情商者之所以更可能成功，就在于他们能够以开放的心态接受各种情绪的影响，具有较强的情绪承受能力，始终保持乐观向上的精神，对生活充满着希望和信心，从而才有勇气和耐心去征服生活中一个又一个艰难险阻。一味沉浸于沮丧之中不能自拔的低情商者，最终只能使自己变得更加的一败涂地。

5. 逆境是人生难得的历练

霍兰德说："在最黑的土地上生长着最娇艳的花朵，那些最伟岸挺拔的树木总是在最陡峭的岩石中扎根，昂首向天。"而高普更是一语道破天机，他说："并非每一次不幸都是灾难，早年的逆境通常是一种幸运。与困难做斗争不仅磨砺了我们的人生，也为日后更为激烈的竞争准备了丰富的经验。"

在现实生活中，许多女人常因自己角色的卑微而否定自己的智慧，因自己的地位低下而放弃儿时的梦想。这是一个莫大的错误！其实上天常把高贵的灵魂赋予卑贱的肉体，就像我们总是把贵重的东西藏在家中最不起眼的地方。

美国有位美貌少女，因一心迷恋钱财，贪图安逸的生活，竟答应嫁给一个年逾花甲的大商人，她只是把他当作摇钱树。新婚后，她沉溺在纸醉金迷、花天酒地的生活里。

久而久之，她的内心充满了空虚，豪华的宫殿、盛大的宴会再也提不起她的精神了，整天只有泪水洗面，悲苦难言。

她的朋友后来问她："你那么年轻貌美，生活一定很幸福吧！"

"哪里，事事不顺心，事事都拧着。"

她的朋友又问："难道你们就没有想法一致的时候吗？"

"有，那次家里失火，我们倒是一起跑出来的。"

逆境是一个人的炼金石，但人也不是铁打的，总会有难过的时候，那怎么办？大哭一场吧！将难过和悲伤都哭光，接下来又可以挺起身去和生活打仗。

有一个女孩在青春年少时，得了肝病，祸不单行的她，在住院不久后，男友也离她远去。

她痛不欲生,在病中决定要好好地活下来。在治疗之中,她体悟人生无常,看到许多人生变幻(医院是整个大人生的缩影),在康复之中,她又认识了现在的老公。

曾有的疾病,令她更懂得珍惜现在拥有的幸福婚姻:"如果没有生病过,我也许早和之前的男友结婚,而现在可能又离婚了。"

上天要给人好东西时,通常不会有好包装。外表太美的东西,里面反而可能是毒药,因为上帝不懂礼品包装这门艺术。

因为情伤而离开台湾,之后做过泡茶的小妹,到如今资讯公司总经理职位的陈维琴说:"贫穷的家境成就我一身耐磨的本事,更深刻体会人情冷暖。"

大学时代一礼拜打工七天,却在学校名列前茅;初期工作时,从泡茶打杂、游戏手册翻译、行政,甚至公司会计业务她都有份,靠的是从小吃惯了苦的人生历练。

逆境往往是好的开始。但有人在逆境中成长,也有人在逆境中跌倒,这之中的差别,在于个人如何把握。

坚强地站起来便能成就更好的自己;趴在地上自怨自怜、悲叹不已的人,注定只能身处逆境。

一个朋友讲过这样一件事:她妈妈告诉她,本来她的家境不错,开了个酒家,后来因为黑道分子在店内开枪扫射,店不得不关了。

她妈妈倒乐观:"至少还有命在。"这是她关店之后的第一个感觉。

她当然可以留在乱枪扫射的恐怖回忆里,可是,她选择看向事物的光明面,用乐观的态度去面对往后的生命。

在生活中,如果你以乐观的态度把逆境当作磨炼自己的经历,并不断去努力,那么你就能把逆境变成了顺境的前奏。

6. 女人更应正视挫折

挫折的阴暗面容易让人消极,然而人的一生难免有许多挫折,如何面对,是女人成功路上的一大难题。这时,最需要的就是女性的坚强和豁达。

挫折是指个人从事有目的的活动时,由于遇到阻碍和干扰,其需要得不到满足时表现出的一种消极情绪状态。

人生难免会遇到挫折,没有经历过失败的人生不是完整的人生。没有河床的冲刷,便没有钻石的璀璨;没有挫折的考验,也便没有不屈的人格。正因为有挫折,才有勇士与懦夫之分。记住"天将降大任于斯人也,必先苦其心志,劳其筋骨,饿其体肤,空乏其身,行拂乱其所为,所以动心忍性,曾益其所不能。"大凡成功的女人都经历过许许多多的挫折。

巴尔扎克说:"挫折和不幸,是天才的晋身之阶;信徒的洗礼之水;能人的无价之宝;弱者的无底深渊。"

生活中的失败挫折既有不可避免的一面,又有正向和负向功能；既可使人走向成熟、取得成就，也可能破坏个人的前途，关键在于你怎样面对挫折。

挫折是人生的考验，它可以让你振奋，审视自己的不足，重新向人生发起挑战。

首先，挫折帮助你成长。人的成长过程是适应社会要求的过程，如果适应得好，就觉得宽心和谐；如果不适应，就觉得别扭、失意。而适应就要学会调整自己的动机、追求和行为。一个人出生时，根本不知道什么是对，什么是错，正是通过鼓励、制止、允许、反对、奖励、处罚、引导、劝说，甚至身体上的体罚与限制才学得举止与行为的适应和得当，学会在不同环境、不同时间、不同对象、不同规范条件下调整行为。

其次，挫折增强你的意志力。实际上生活中许多轻度挫折是意志力的"运动场"，当你大汗淋漓地跑完全程，克服了生活的挫折，就会获得愉快的体验。心理学家把轻度的挫折比作"精神补品"，因为每战胜一次挫折，都强化了自身的力量，为下一次应付挫折提供了"精神力量"。女人在遭遇挫折时，往往会感到缺乏安全感，使人难以安下心来，工作和生活都会受到影响。

那么，女人在遭受挫折的时候，又应如何进行调试呢？

（1）遇到挫折时应进行冷静分析，从主客观两个方面找出受挫的原因，采取有效的补救措施。

（2）要有一个辩证的挫折观，经常保持自信和乐观的态度，要认识到挫折的好处，正是挫折和教训才使我们变得聪明和成熟，正是失败本身才最终造就了成功。

（3）向他人（朋友们）倾诉你遭受挫折后心中的不快以及

今后打算，改变内心的压抑状态，以求身心的轻松，从而让目光面向未来。

（4）学会自我宽慰，能容忍挫折，要心怀坦荡，情绪乐观，发奋图强，满怀信心去争取成功，不要被挫折吓倒。

（5）补偿。原先的预期目标受挫，可以改行别的途径达到目标，或者改换新的目标，获得新的胜利，即"失之东隅，收之桑榆"。这是人的一种心理防卫机制。

（6）升华。人在落难受挫之后奋发向上，将自己的情感和精力转移到有益的活动中去，使之升华到社会的高度。这也是人的一种心理防卫机制。

（7）应善于化压力为动力。遇到挫折和失败或即将遇到挫折和失败，会面临很大的心理压力，在这个时候，你是气馁当逃兵，还是奋起继续而勇敢地追寻？这对人是个很大的考验。

面对挫折的勇气，是女性尤其需要拥有的能力。现代都市女性往往具有很多都市病，比如说压力、失落、孤寂、自闭……对于女性比较柔弱的天性来说，这样的压力有时会成为幸福生活的极大障碍。在面对挫折时具有勇气是极其重要的。

挫折不是使女人精神颓废、自暴自弃的理由。在面对挫折时，把挫折化为前进的动力，说不定在人生的拐角就会豁然间展开另一幅美妙的图景。

7. 做坚强而又有魅力的女人

那些蔑视困难，敢于向困难挑战的女人是坚强而又有魅力的女人。即使她们身处黑暗的世界，仍能为自己负起责任。她们不愿意过向人乞求的生活，面对困难和挫折，她们从不绝望，也从不去找任何借口。

琼斯女士是个多才多艺的奇人。她才思敏捷，又乐于助人，既懂得倾听又善于说话。有一次，她和朋友谈起一个话题，是关于那些虽身处恶劣的环境却仍然对这个世界做出了伟大贡献的人。其间，琼斯问："你听说过纳森尼尔·鲍迪奇吗？"朋友反问她："鲍迪奇是不是一个对航海术相当精通的人？"

"没错，就是他！"琼斯说道，"纳森尼尔·鲍迪奇活到65岁，他出生于1773年，从10岁起，他就开始以自修的方式学习拉丁文并研究牛顿的数学原理。到21岁时，鲍迪奇已经是一位比较出色的数学家了。由于他喜欢航海，便又去钻研航海术。据说，有一次，他教给船上的所有船员甚至船上的厨师，如何观察月亮和星星的位置来确定每天的船位。后来，他又写了一本有关航海术的书，人们一度把此书奉为经典。这对一个从没受过正规教育的人来说，实在了不起吧？"

朋友十分赞同琼斯的看法。对鲍迪奇而言，他根本不知道困难为何物，也许从没人告诉过他"想当一名科学家，大学教育是必不可少的阶段。"因此，他可以无所顾忌地向前冲，并以自学的方式获得各种必需的知识。对鲍迪奇这类从不知困难为何物的人来说，障碍这个词的意思就是"胡扯"。但是，对困难总想逃避责任的那些人来说，挫折或困难则成了他们最好的挡箭牌。

古往今来，有许多经历层层困难终于成为了不起的伟大女人：海伦·凯勒自小就又盲又聋又哑；歌唱家珍·弗洛曼不幸在一次飞机失事中严重受伤，但她奋力康复，终于又重放异彩；女演员苏珊·鲍尔虽因切除一只脚而感到痛苦，但也并未因此而妨碍了自己的婚姻幸福和在电影界的成功。

女演员莎拉·巴恩哈特更是了不起，她面对困难从不退缩，那么，她又是怎么面对她人生障碍的呢？据说，她小时候是个遭尽别人白眼的丑陋的私生女。按照有些人的做法，她大可以把自己早年所处的恶劣环境当作自己偷懒、推脱的最好借口，但莎拉并没这么做，而是在困境中奋力进取，并最终成为演艺界不朽的人物之一。

年轻和青春，一笔无价的财富，尤其对女人来说，这笔财富更显得珍贵和不可替代。许多年龄较大的女人感受到了年龄的阻碍，他们不时会有被架空一切或被时代抛弃之感。

有一位74岁的个子矮小的老太太，她十分困惑剩下的日子究竟该如何打发。这个老太太退休前曾任教师，积蓄没有多少，因此许多人劝她继续工作，这对她的精神状态和经济都有益处。她说，除了教书之外，她还曾给小朋友讲故事听，并能为所讲的故事配以精心挑选出来的幻灯片，而小朋友也都十分喜欢。

这是目前你能做的事情，你干吗不重新开始自己的事业，做一个深受小朋友喜爱的说故事的人呢？她的朋友建议道。

这位老太太听完朋友的鼓励后，她十分兴奋地又重新投入她70岁之后的事业。自此，她不再认为年龄是她的障碍，相反地，她现在的能力甚至超过了她年轻的时候，正是因为有经验，使得她讲的故事更为动人，更叫小朋友们迷恋不舍。

她还主动去找为促进美国文化做出许多贡献的福特基金会，向他们推荐自己为幼儿园小朋友研究出的各种"说故事时间"的计划。由于她洽谈的对象都是些"证明给我看"的人，她便努力地陈述自己计划的价值所在，并拿自己的经历来证明，结果她胜利了。而她的那些故事中蕴含着的温情、戏剧性和诉求的力量，就是他们最终被说服接受老太太整个计划的原因。

这个老太太简直像个年轻人一样，她天天满怀热情和信心，在全国各地巡回地讲故事，给无数孩子送上了欢乐。年龄问题已不再是阻碍或懒散的借口，她不会再说："我年龄太大了，不再适合赚钱过日子了。"她会重新评估自己的才能和经验并拟定计划，脚踏实地地去实行自己的构想。值得高兴的是，这位老太太在74岁时并没有随年龄而变老，她是真正地成熟了！在一般人眼中，年龄大是人们做事的阻碍，而年龄对于她，却变成了一种激励和进取的诱因。

萧伯纳一向十分蔑视那些拿环境不好来抱怨命运不济的人，"一味地抱怨环境只会使他们成为目前这种样子"。他说，"我不相信环境的阻碍之类的借口。这个世界上有成就的人，都是那些能主动寻找适应环境的人，即使找不到，他也会自己去创造一个。"作为一个自强不息的女人不要在生活中寻找借口、抱怨环境。对坚强的女人来说，困难面前，没有借口，只有征服。

其实在生活中，如果刻意地去找，每个人都能找到自己能够抱怨的事情。但你要时刻提醒自己是一个女人，有着男人没有的优点，也有男人所不具备的劣势，这一切都要求你要自强不息！